“十四五”时期国家重点出版物出版专项规划项目

配网带电作业系列图册

An atlas of live working on distribution network

Operating skills of by-pass working items

配电线路旁路作业操作技能

深圳供电局有限公司
深圳带电科技发展有限公司 组编
带电作业专家工作委员会

中国水利水电出版社
www.waterpub.com.cn
·北京·

内 容 提 要

本书是《配网带电作业系列图册》中的一本，主要介绍了配电线路旁路作业项目的操作技能，内容包括旁路作业设备、旁路电缆敷设、旁路作业前的检测、旁路作业倒闸操作、旁路作业典型项目等。本书利用线描图简单、准确的特点描述作业场景、作业人员操作动作、所用工器具的使用状态等，并附文字表述，实现多形式、多方位、多视角的作业场景再现，兼具知识性、直观性和趣味性。

本书可作为现场带电作业人员的培训用书，也可供相关专业从业人员参考。

图书在版编目（CIP）数据

配网带电作业系列图册. 配电线路旁路作业操作技能/深圳供电局有限公司，深圳带电科技发展有限公司，带电作业专家工作委员会组编. -- 北京 : 中国水利水电出版社，2021.12
ISBN 978-7-5226-0055-0

Ⅰ. ①配… Ⅱ. ①深… ②深… ③带… Ⅲ. ①配电系统－旁路系统－带电作业－图集 Ⅳ. ①TM727-64

中国版本图书馆CIP数据核字(2021)第210310号

书　　名	配网带电作业系列图册 **配电线路旁路作业操作技能** PEIDIAN XIANLU PANGLU ZUOYE CAOZUO JINENG
作　　者	深圳供电局有限公司 深圳带电科技发展有限公司　组编 带电作业专家工作委员会
出版发行	中国水利水电出版社 （北京市海淀区玉渊潭南路1号D座　100038） 网址：www.waterpub.com.cn E-mail：sales@waterpub.com.cn 电话：（010）68367658（营销中心）
经　　售	北京科水图书销售中心（零售） 电话：（010）88383994、63202643、68545874 全国各地新华书店和相关出版物销售网点
排　　版	中国水利水电出版社微机排版中心
印　　刷	天津嘉恒印务有限公司
规　　格	184mm×260mm　16开本　6.5印张　201千字
版　　次	2021年12月第1版　2021年12月第1次印刷
印　　数	0001—2000册
定　　价	**78.00**元

《配网带电作业系列图册》编委会

《配电线路旁路作业操作技能》编写组

主　　编： 杨发山　高天宝

副 主 编： 张　杰　狄美华　黄湛华　黄鹏程

编写人员： 陈德俊　金　涛　高自力　秦　婋　张志锋

刘鑫聪　李　敏　庞　峰　王洪武　张　冬

杨　腾　张　珂　姚沛全　陈胜科　何　亮

李克君　陈贵华　刘　剑　缪宝锋　钟浩锋

薛炉丹　杜恒波　詹毅桢　朱国福

定 稿 人： 高天宝　张　杰

前　言

随着全社会对供电可靠性要求的不断提高和我国城镇化的快速发展，配电带电作业逐渐成为提高供电可靠性不可或缺的手段，我国先后开展了绝缘杆带电作业、绝缘手套带电作业等常规配电线路带电作业项目，以及配电架空线路不停电作业、电缆线路不停电作业等较复杂的带电作业项目。作业量的增加对带电作业从业队伍提出了更高的要求，而培养一名合格的带电作业人员，体系化的培训是必不可少的。然而，对于每一名带电作业人员而言，实训不能从零认知开始。如何在现场实训之前对操作的要点、规范的行为获得感性的认知，借助什么样的教材去让作业人员进一步理解、固化现场培训之后的操作要领和技艺，并让规范的操作形成职业习惯——这是带电作业领域一直重视的问题。

带电作业专家工作委员会的专家们对解决上述问题的重要性、迫切性形成共识。在2016年度工作会议上做出了编写带电作业系列图册、录制视频教学片的决定并成立了编委会，随后将其正式列入工作计划。

在《配网带电作业系列图册　常用项目操作技能》完成的基础上，深圳供电局有限公司、深圳带电科技发展有限公司、带电作业专家工作委员会继续组织相关专家完成《配电线路旁路作业操作技能》图册，该系列的《登高与吊装作业技能》《安全防护与遮蔽操作技能》《检测技能》《工器具操作技能》《车辆操作技能》也将相继出版。

在本册的编辑中，我们追求知识性、直观性、趣味性的统一，力求达到“文字、工程语言（设备、工具状态）、肢体语言（操作者的动作）的完美结合。在具体创作形式上，根据线描图简单、准确的特点，用其描述作业场景，包括作业中涉及的设备、金具、材料的形态及变化情况；作业人员操作动作、所用工器具的使用状态等，并附文字表述，给读者提供多种形式、多方位、多视角的作业现场场景再现。

由于线描图方式是我们本系列图册的独创形式，且同类书籍较少、描图水平局限等原因，图册中难免出现对重要作业环节、关键描述不足、绘画笔画要素运用不当等情况。希望广大同行及读者多提宝贵建议，以便我们在陆续编辑出版的系列分册中改进和完善。

最后，希望广大一线员工把该书作为带电作业的工具书、示范书，切实增强安全意识，不断规范作业行为，确保高效完成各项工作任务，为电网科学发展做出新的更大贡献。

带电作业专家工作委员会

2021年11月

目 录

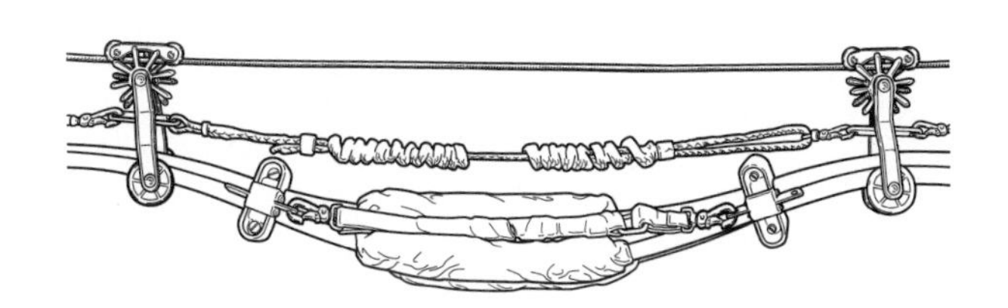

第 1 章

旁路作业设备

1.1　旁路柔性电缆

1.　柔性电缆

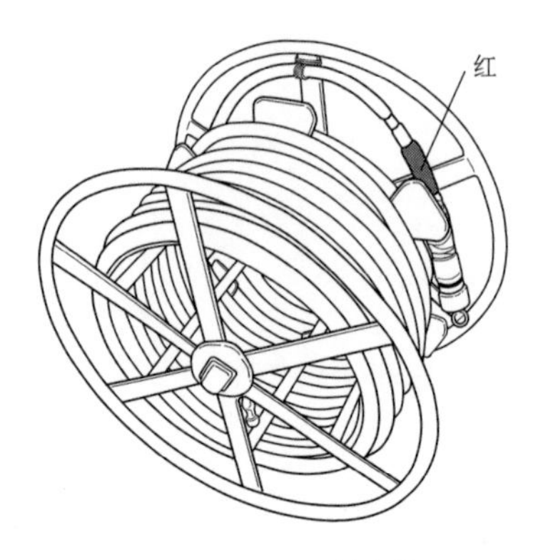

图1-1　10kV柔性电缆

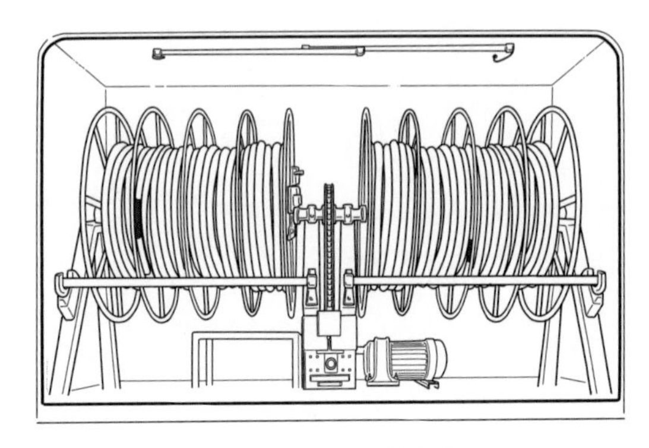

图1-2　0.4kV柔性电缆

【功能描述】

构建所需长度的配网（10kV、0.4kV）架空或电缆线路旁路系统。

【注意事项】

旁路电缆应固定在专用存放设施（盘或箱）内存放。

2.　电缆收纳盘

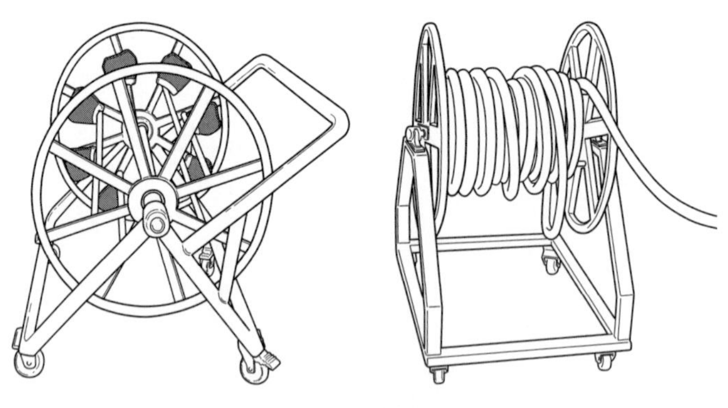

图1-3　柔性电缆收纳盘

【功能描述】

用于10kV配网不停电作业中旁路电缆收纳、展放。

【注意事项】

在电缆收纳、展放过程中禁止抛丢柔性电缆收纳盘。

1.2　旁路开关

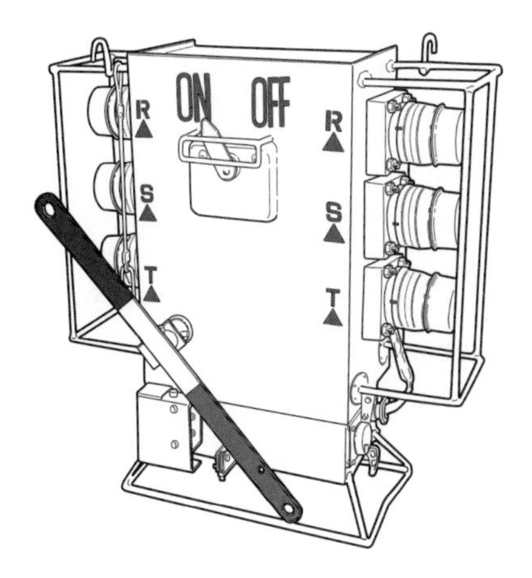

图1-4　旁路开关

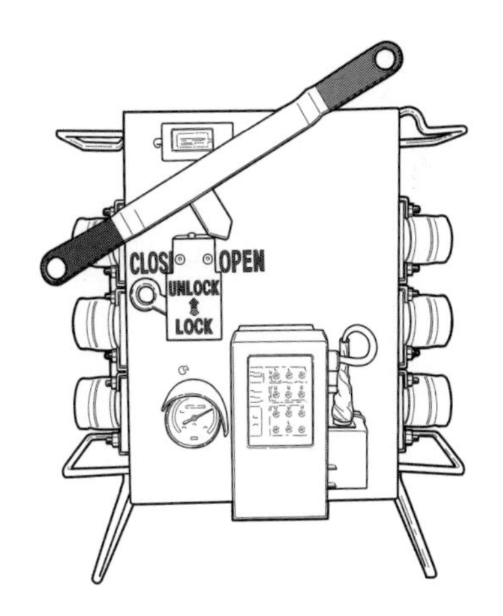

图1-5　其他类型的旁路开关

【功能描述】

用于配电线路旁路作业中负荷电流的切换。

【注意事项】

禁止拧紧、松动充气容器的紧固螺栓，禁止将旁路开关倒置。

1.3　旁路作业附件

1.　硅脂与清洁棉

图1-6　硅脂与清洁棉

【功能描述】

用于旁路电缆接头插拔界面的清洁与润滑。

【注意事项】

操作人员应佩戴干净手套进行作业，并防止污物浸入接头处。

2.　核相设备

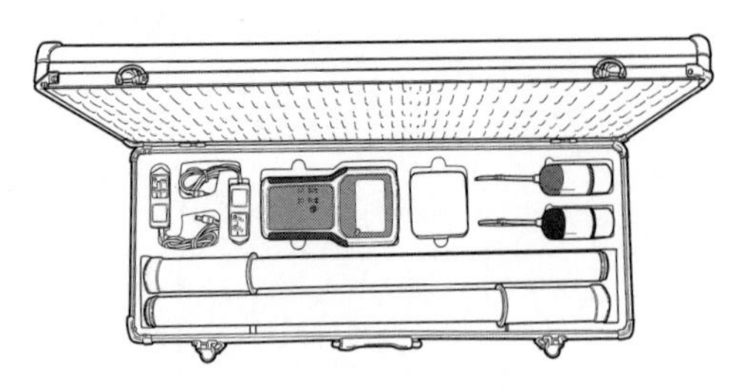

图1-7　10kV无线核相仪

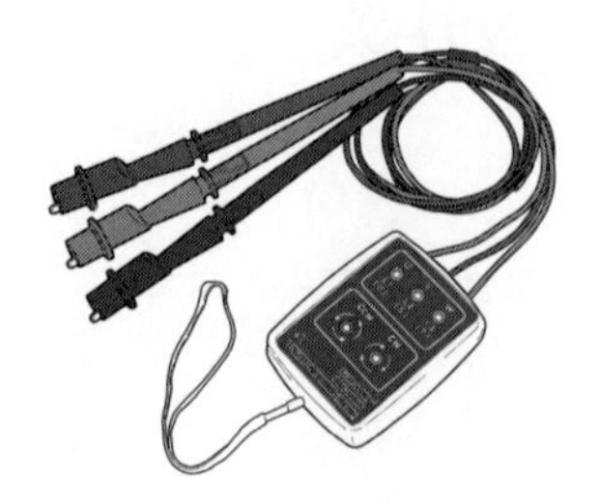

图1-8　0.4kV相序表

【功能描述】

用于高低压旁路设备投入运行前的核对相位、相序。

【注意事项】

使用无线核相仪、相序表时必须佩戴相应电压等级的绝缘手套。

3.　绝缘安全用具

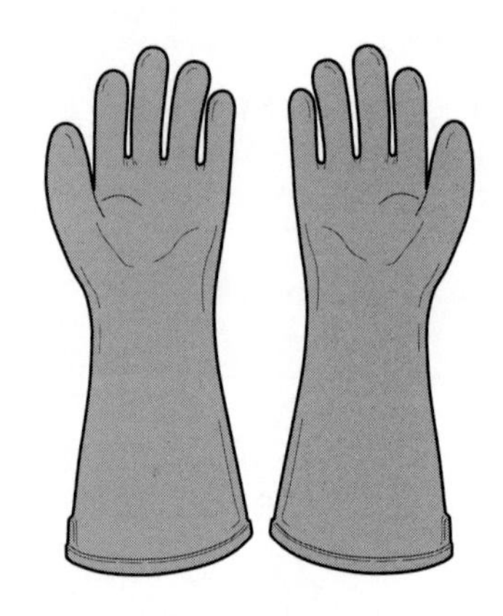

图1-9　绝缘手套

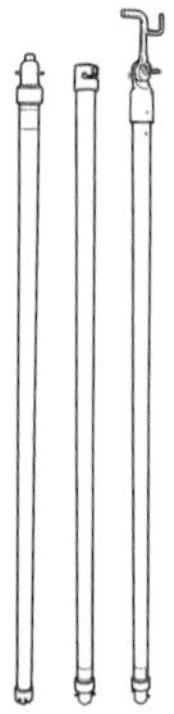

图1-10　操作杆

【功能描述】

用于挂摘旁路转接电缆。

【注意事项】

旁路电缆与架空线路之间的连接应牢固可靠。

4. 绝缘防护设施

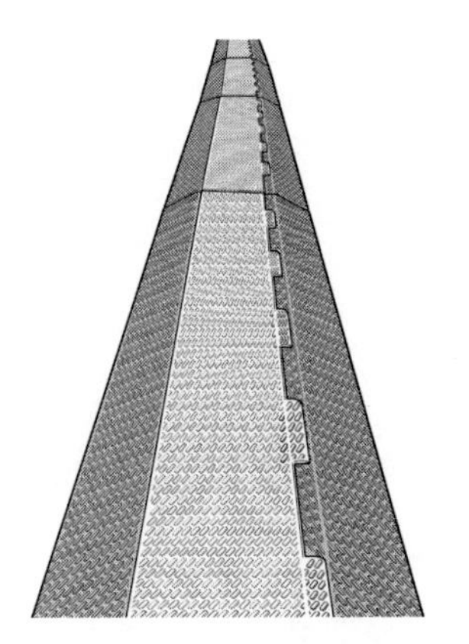

图1-11 低压电缆防护盖板

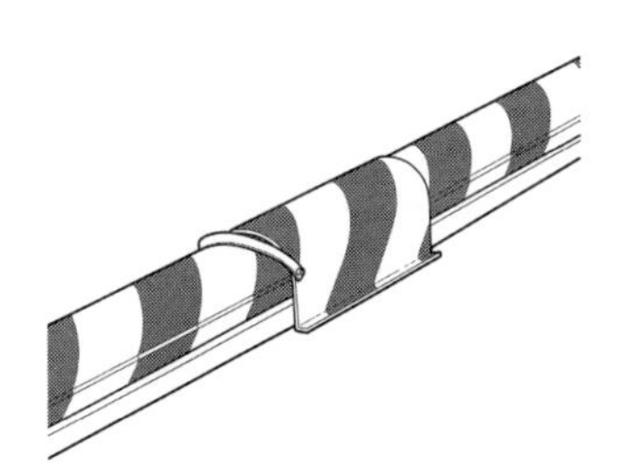

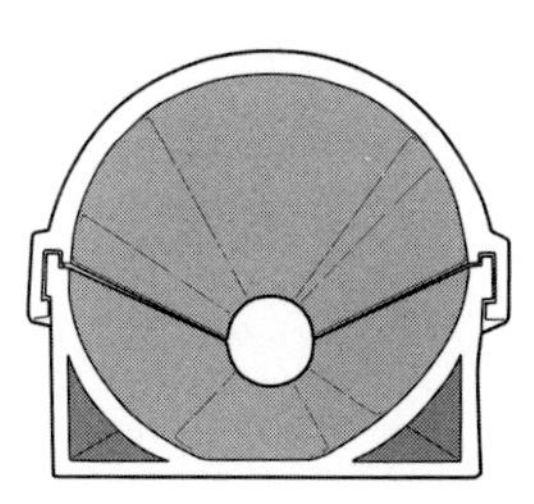

（a）电缆绝缘护管

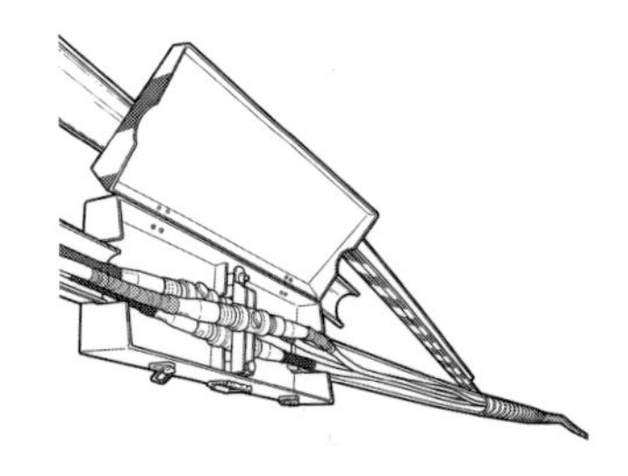

（b）电缆对接头绝缘防护箱

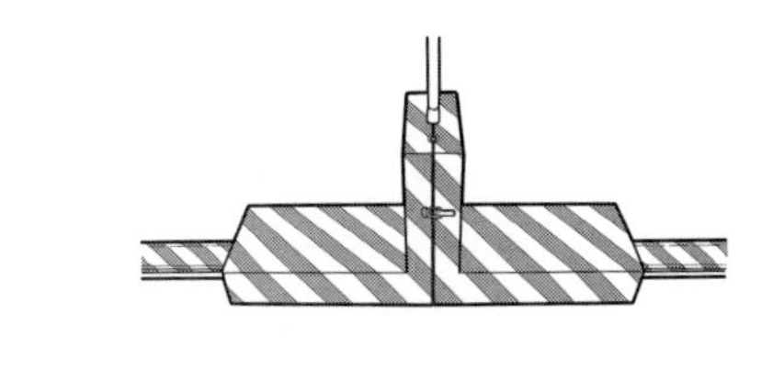

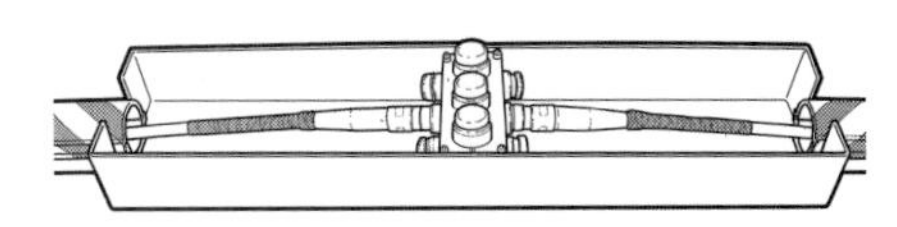

（c）电缆T接头绝缘防护箱

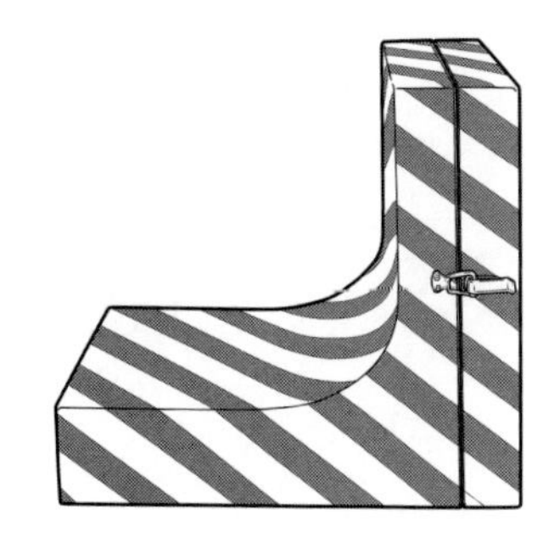

（d）电缆终端绝缘防护箱

图1-12 旁路设备地面敷设绝缘防护设施

【功能描述】

用于旁路电缆地面敷设时，对旁路电缆提供绝缘防护。

【注意事项】

避免重物长时间碾压。

5. 架空绝缘支架

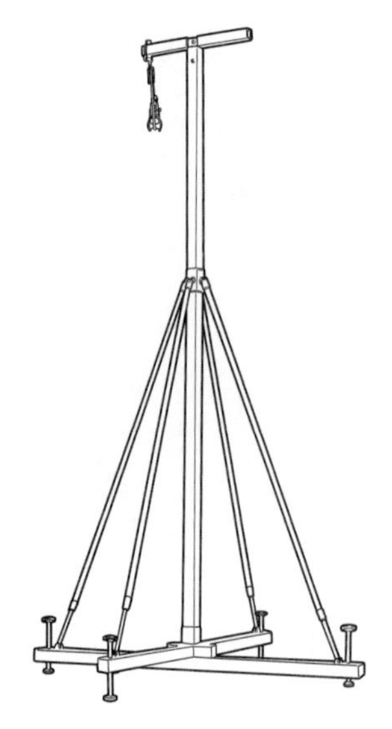

图1–13　旁路电缆架空绝缘支架

【功能描述】

用于旁路电缆地面敷设遇交通路口时，架空敷设高压旁路电缆。

【注意事项】

防止旁路电缆与车辆、行人接触。

6. 中间直通

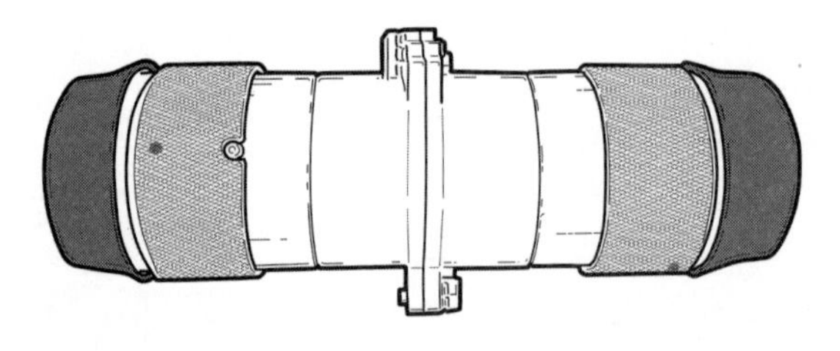

图1–14　中间直通

【功能描述】

用于旁路电缆的中间接续。

【注意事项】

使用前后应存放于专用箱体中。

7. T接

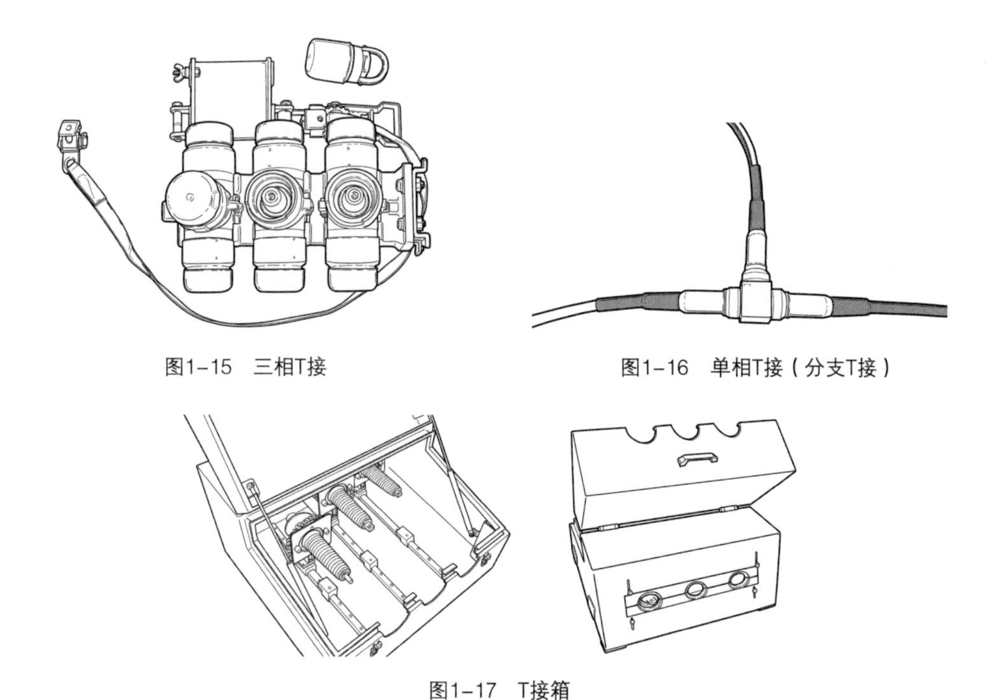

图1-15 三相T接

图1-16 单相T接（分支T接）

图1-17 T接箱

【功能描述】

用于旁路电缆分支线的接续。

【注意事项】

连接应牢固可靠。

8. 转接电缆连接架空线

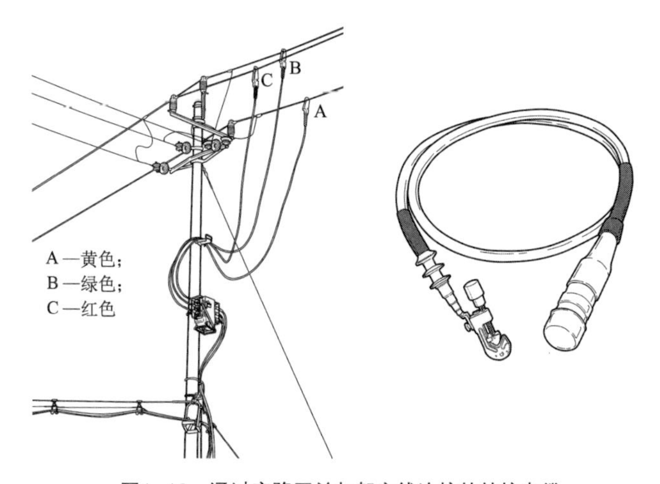

图1-18 通过旁路开关与架空线连接的转接电缆

【功能描述】

用于旁路系统与架空线的连接。

【注意事项】

连接应牢固可靠。

9.　转接电缆连接环网柜

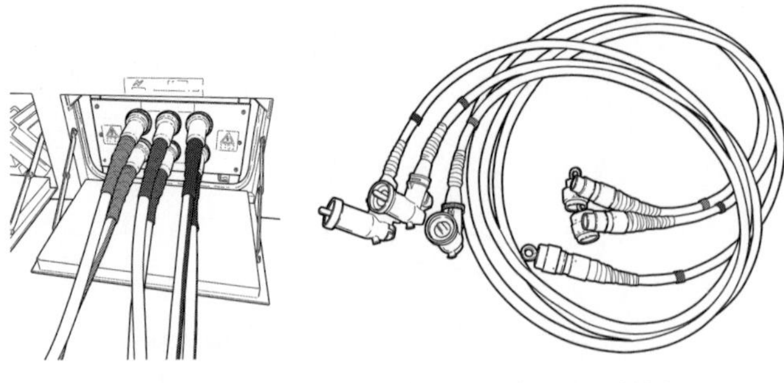

图1-19　插拔型转接电缆

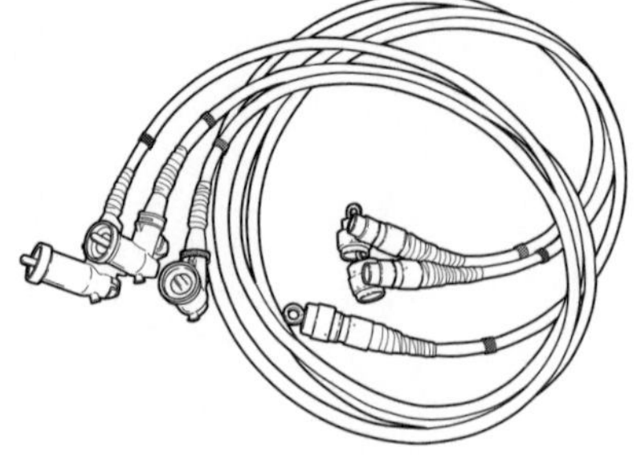

图1-20　美式肘型转接电缆

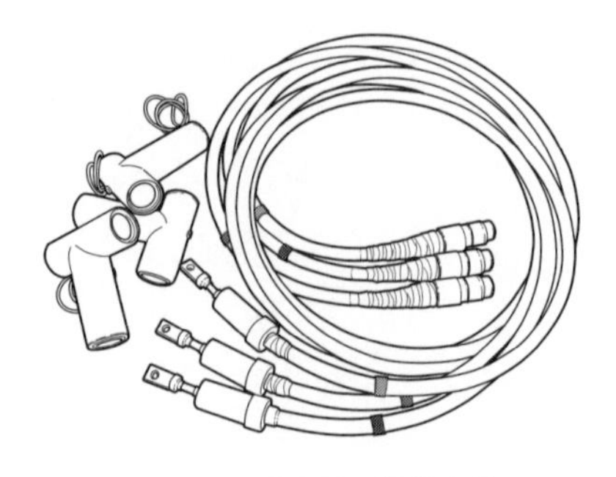

图1-21　欧式肘型转接电缆

【功能描述】

用于旁路系统连接到环网柜、分支箱、开关对应的电缆插座。

【注意事项】

连接应牢固可靠。

10.　滑轮

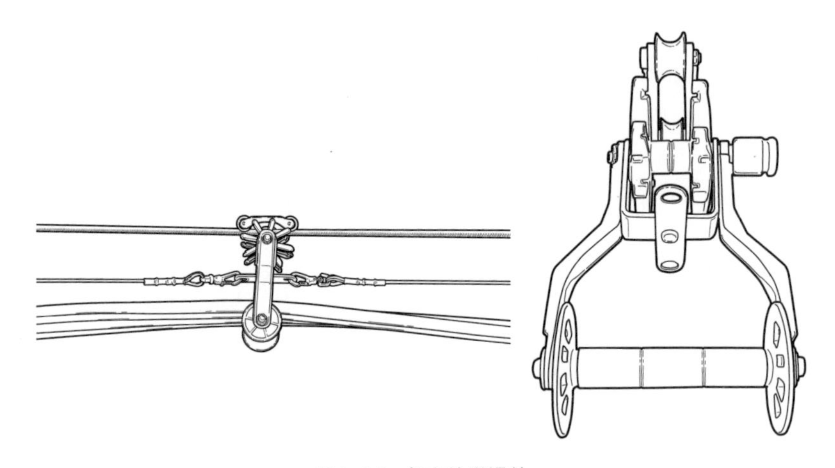

图1-22　架空输送滑轮

【功能描述】

用于旁路电缆架空敷设时，支撑及引导旁路电缆。

【注意事项】

连接应牢固可靠。

11. 连接绳

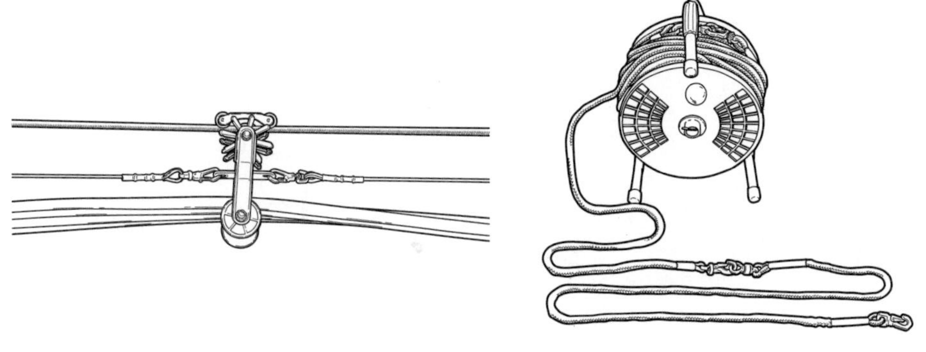

图1-23 架空输送滑轮连接绳

【功能描述】

用于旁路电缆架空敷设时，两输送滑轮环之间的承力连接。

【注意事项】

连接应牢固可靠。

12. 牵引工具（牵头用）

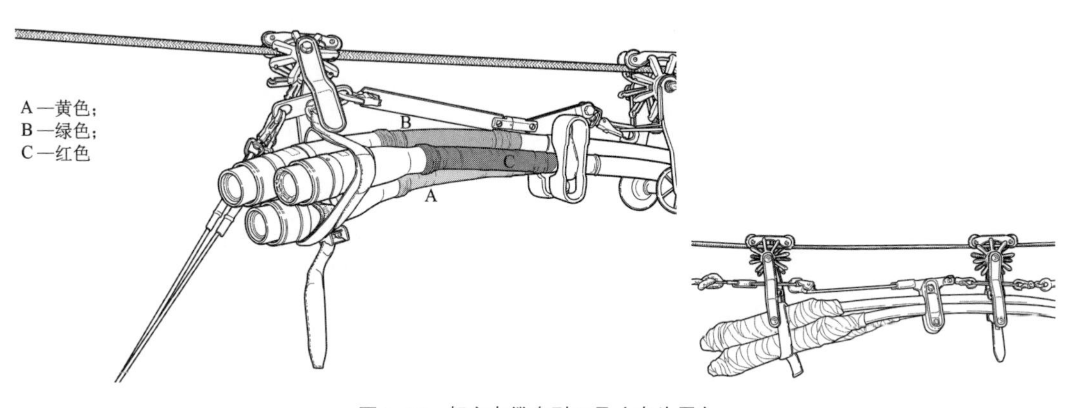

图1-24 架空电缆牵引工具（牵头用）

【功能描述】

旁路电缆起始端的牵引组合固定工具，用于绑紧电缆头、牵引电缆。

【注意事项】

直接牵引电缆连接头时会对电缆头造成伤害。

13.　牵引工具（中间用）

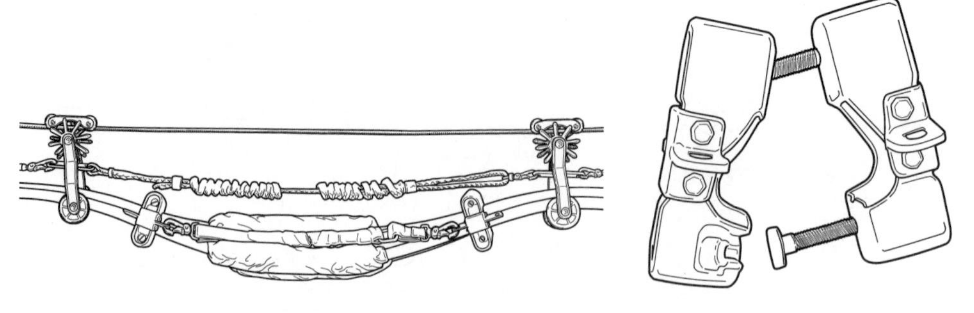

图1-25　架空电缆牵引工具（中间用）

【功能描述】

旁路电缆中间接头处组合固定工具，防止中间接头因受拉力过大而损坏，可有效保护旁路电缆免受拉力。

【注意事项】

（1）施放高压旁路电缆过程中应严禁电缆在地面拖拉。

（2）牵引高压旁路电缆过程中，不得使高压旁路电缆及接头承受牵引力。

14.　送出轮

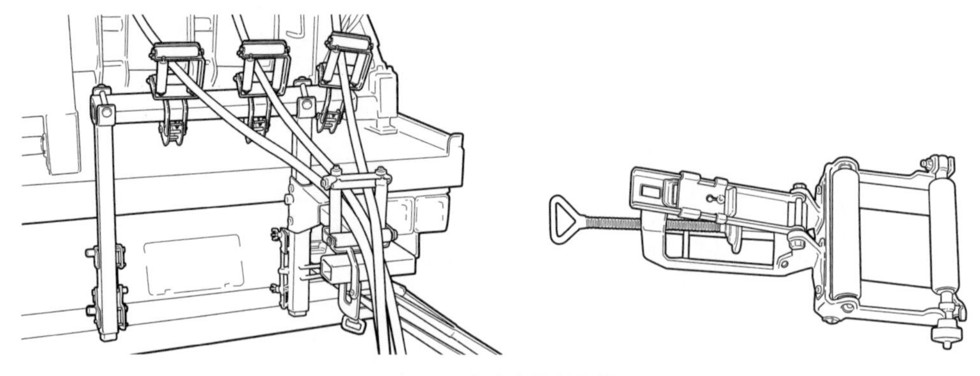

图1-26　架空电缆送出轮

【功能描述】

旁路电缆线盘前的滑轮，用于支撑电缆，使电缆不与地面发生摩擦接触，同时减少牵引力。

【注意事项】

（1）施放高压旁路电缆过程中，应严禁电缆在地面拖拉。

（2）牵引高压旁路电缆过程中，不得使高压旁路电缆及接头承受牵引力。

15. 导入轮

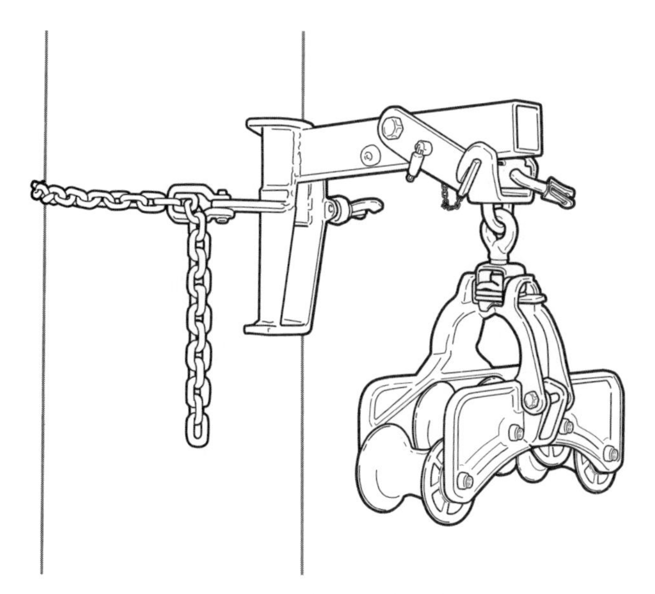

图1-27 架空电缆导入轮

【功能描述】

电缆导入时的固定工具，用于第一根电杆。电缆支撑移动滑车在杆上经过此固定支架向前滑动，引导电缆。带有杆上固定器，方便与电杆固定连接。

【注意事项】

连接应牢固可靠。

16. 导入轮支撑

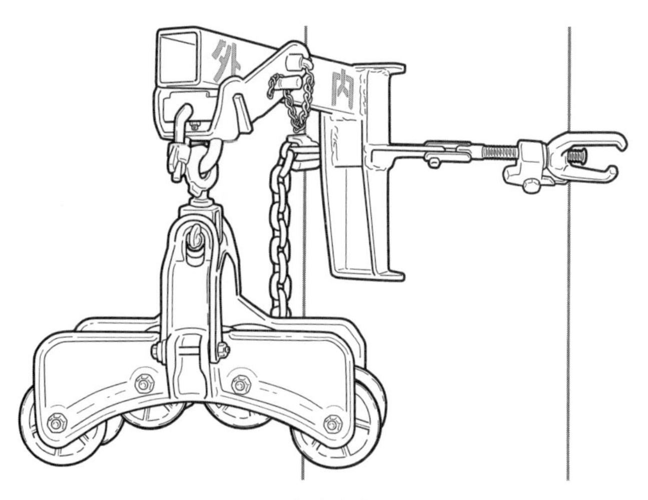

图1-28 架空电缆导入轮支撑

【功能描述】

用于在电杆上固定电缆导入轮。

【注意事项】

连接应牢固可靠。

17.　架空支撑绳

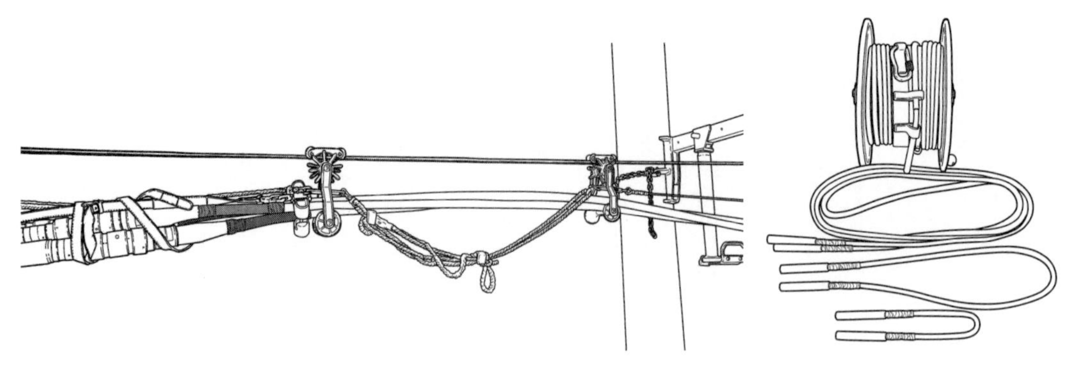

图1-29　架空支撑绳

【功能描述】

（1）用于旁路电缆架空敷设时，悬吊旁路电缆输送滑轮。

（2）支撑绳安装于杆上距地面4m以上且低于开关0.5m的区间内。

【注意事项】

连接应牢固可靠。

18.　MR连接器

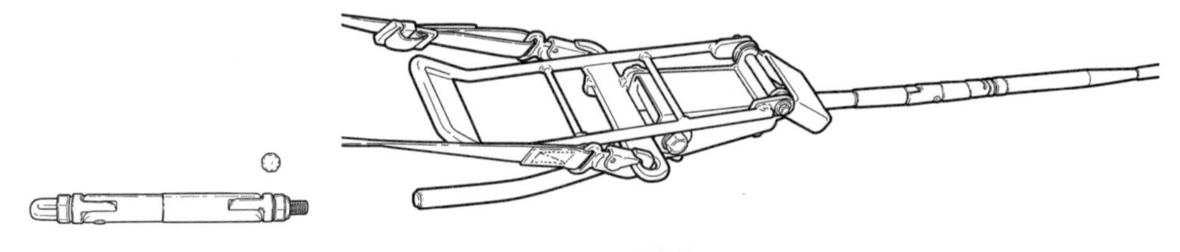

图1-30　MR连接器

【功能描述】

用于旁路电缆架空敷设时输送绳的快速可靠连接。

【注意事项】

连接应牢固可靠。

19. 地上用固定工具

图1-31 固定工具（地上用）

【功能描述】

用于旁路电缆架空敷设时连接支撑绳与地面固定装置。

【注意事项】

连接应牢固可靠。

20. 杆上用固定工具

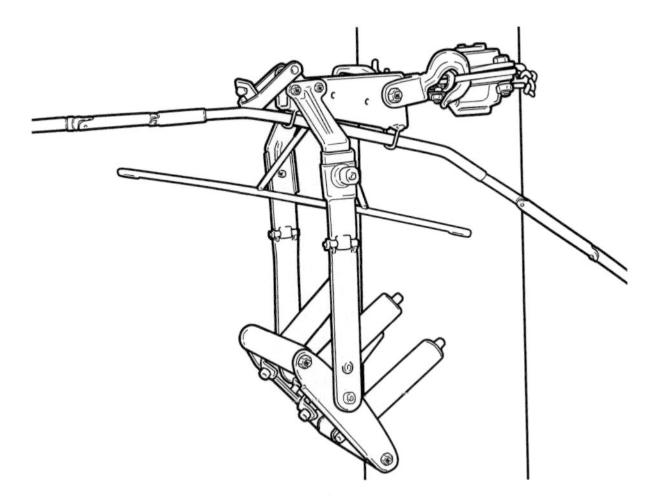

图1-32 固定工具（杆上用）

【功能描述】

用于旁路电缆架空敷设时连接支撑绳与电杆的固定装置。

【注意事项】

连接应牢固可靠。

21.　支撑工具

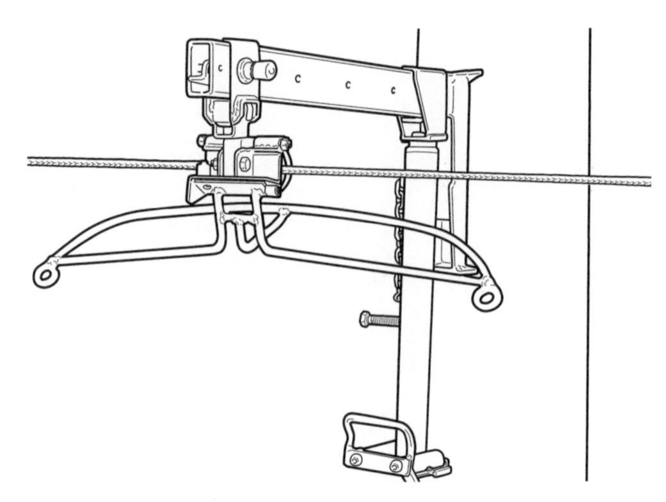

图1-33　中间支撑工具

【功能描述】

固定在直线杆上，用于旁路电缆架空敷设时中间部位的支撑，便于旁路电缆顺利通过。

【注意事项】

连接应牢固可靠。

22.　紧线工具

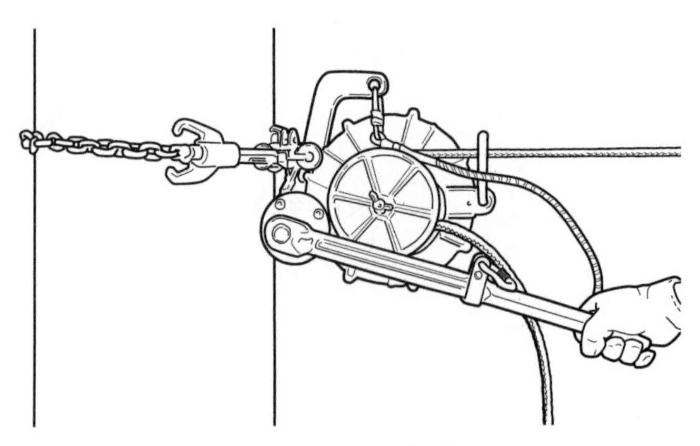

图1-34　架空支撑绳紧线工具

【功能描述】

用于旁路电缆架空敷设时固定和拉紧架空支撑绳，便于输送绳的张力收线。

【注意事项】

连接应牢固可靠。

23.　固定工具

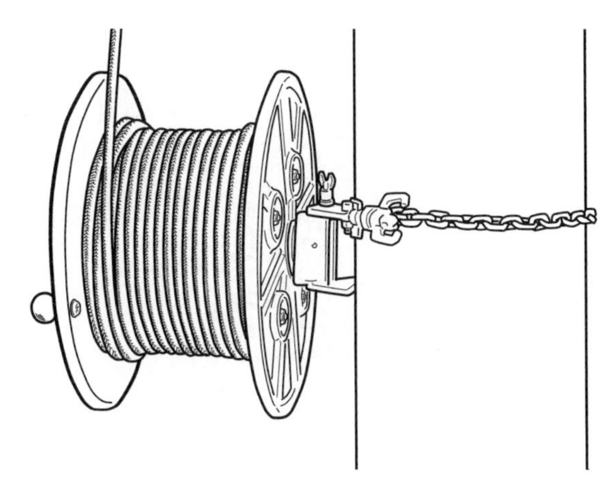

图1-35　架空支撑绳固定工具

【功能描述】

用于旁路电缆架空敷设时，固定支撑绳缆盘，便于支撑绳的展放和回收。

【注意事项】

连接应牢固可靠。

24.　余缆工具

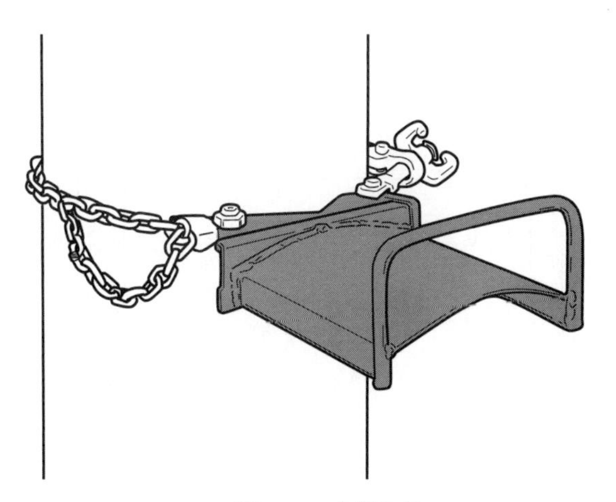

图1-36　余缆工具

【功能描述】

用于旁路电缆架空敷设时，安装在电杆上固定多余的旁路电缆。

【注意事项】

连接应牢固可靠。

25.　放线设备

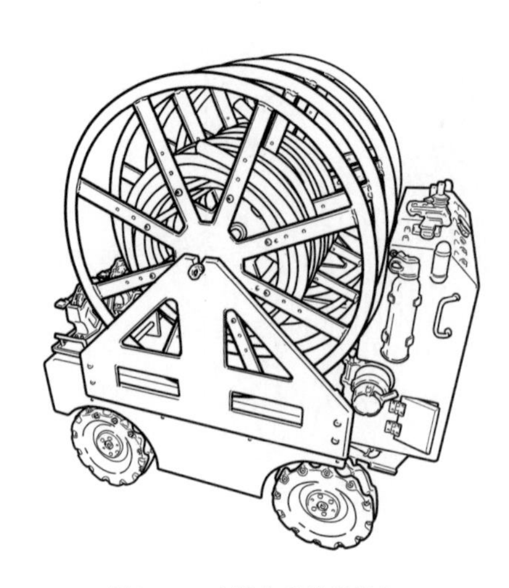

图1-37　旁路电缆放线设备

【功能描述】

借助机械进行旁路电缆的展放与回收。

【注意事项】

防止展放与回收过程中碾压旁路电缆。

1.4　车辆

1.　工程车

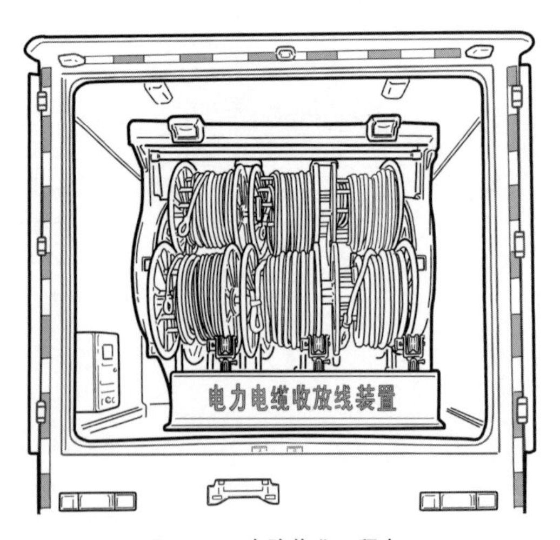

图1-38　旁路作业工程车

【功能描述】

用于10kV配网不停电作业中旁路作业设备装载、运输、展放及存储。

【注意事项】

旁路作业车辆应保存在阴凉干燥的处所；避免阳光直射和雨水侵蚀。

2. 发电车

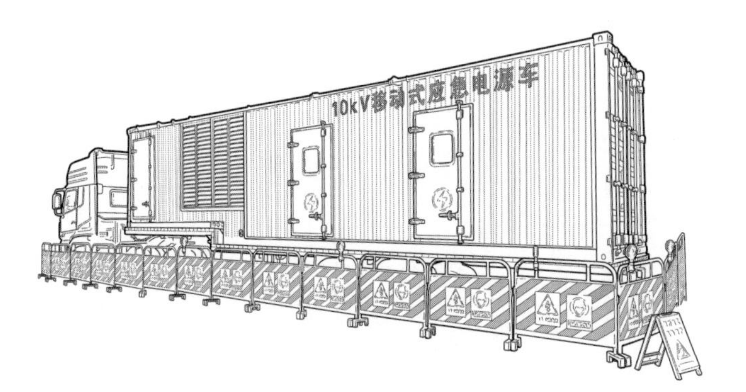

图1-39 10kV发电车

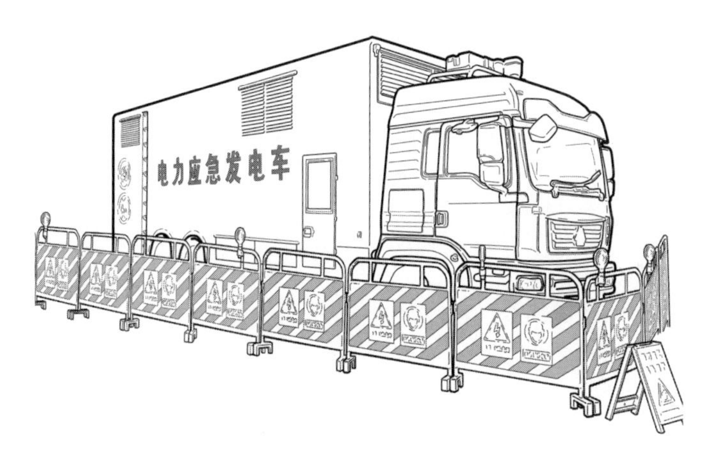

图1-40 0.4kV发电车

【功能描述】

用于10kV、0.4kV应急发电。

【注意事项】

发电车应保存在阴凉干燥的处所；避免阳光直射和雨水侵蚀。

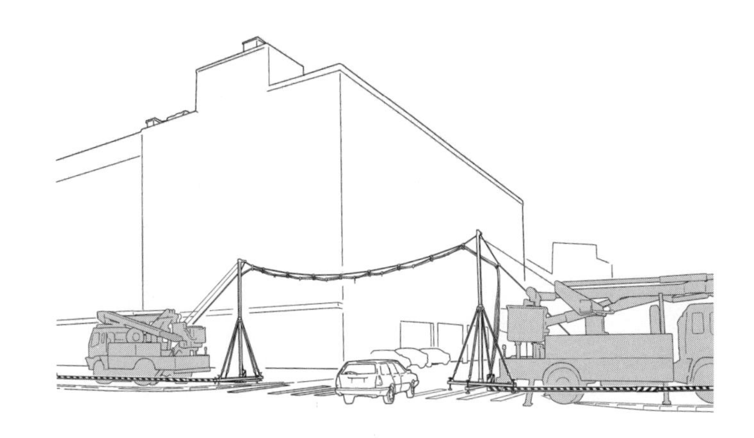

第 2 章

旁路电缆敷设

2.1　地面敷设

2.1.1　地面敷设整体布局

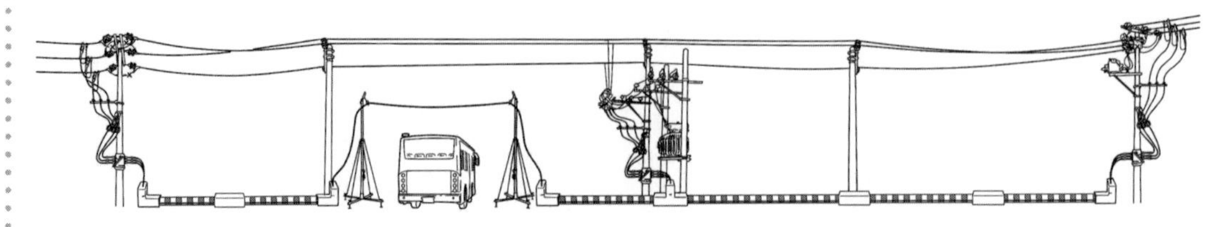

图2-1　高压旁路设备各部位的连接（地面敷设）

2.1.2　敷设工作

1.　地面敷设

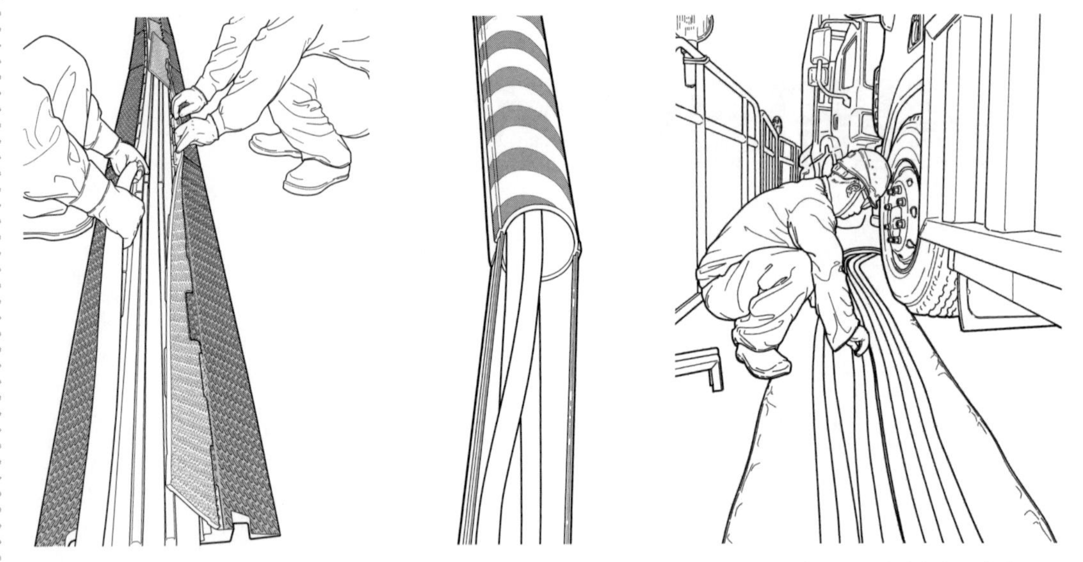

图2-2　低压电缆保护盖板　　图2-3　高压旁路电缆绝缘护管　　图2-4　地面防护垫片与低压电缆

【技能描述】

在地面低压电缆敷设路径中设置好地面防护设施，以保护电缆。

【注意事项】

防止地面防护设施与车辆、行人接触。

2. 路口架空敷设

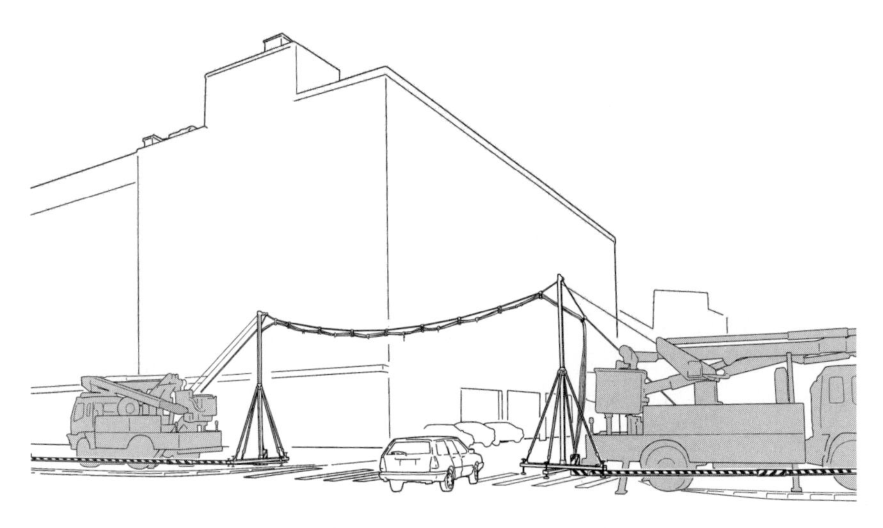

图2-5 高压旁路电缆过交通路口架空敷设

【技能描述】

高压旁路电缆地面敷设遇交通路口时，须将高压旁路电缆架空敷设，防止旁路电缆与车辆、行人接触。

【注意事项】

须防止过路绝缘支架倾倒；过路支架和高压旁路电缆等人可能触及的部分，应设绝缘防护及围栏。

2.1.3 中间接续

【技能描述】

（1）连接旁路作业设备前，应对各接口进行清洁和润滑：用不起毛的清洁纸或清洁布、无水酒精或其他电缆清洁剂清洁；先清洁连接件的绝缘表面，再清洁其他部分。确认绝缘表面无污物、灰尘、水分、损伤后，在插拔界面均匀涂润滑硅脂。

（2）使用前应检查确认连接插头绝缘表面无损伤。将锁紧环的缺口正对销钉（或正对标记），向后推锁紧环，插入连接件到位；退回并旋转锁紧环，使缺口错开销钉位置，对接头锁牢。

（3）配电线路旁路作业中连接旁路柔性电缆时，组装中间接头应2人配合进行。

（4）旁路作业设备的高压旁路电缆（含电缆引下线）、电缆对接头（T接头）、旁路开关的连接应核对分相标志，保证相位色的一致。

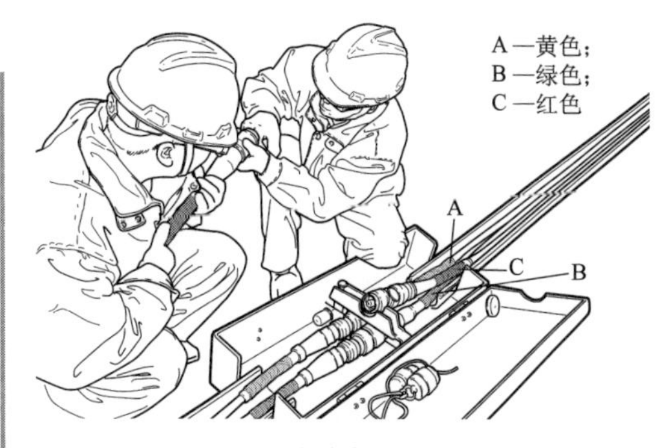

图2-6 旁路电缆中间接续

【注意事项】

（1）注意组装好的中间接头在牵引过程中不能受牵引力。

（2）清理过程中应防止插头接口内粘入灰尘和沙粒。

2.1.4　分支接续

【技能描述】

（1）连接旁路作业设备前，应对各接口进行清洁和润滑：用不起毛的清洁纸或清洁布、无水酒精或其他电缆清洁剂清洁；先清洁连接件的绝缘表面，再清洁其他部分。确认绝缘表面无污物、灰尘、水分、损伤后，在插拔界面均匀涂润滑硅脂。

（2）使用前应检查确认连接插头绝缘表面无损伤。将锁紧环的缺口正对销钉（或正对标记），向后推锁紧环，插入连接件到位；退回并旋转锁紧环，使缺口错开销钉位置，对接头锁牢。

（3）配电线路旁路作业中连接旁路柔性电缆时，组装分支接头应2人配合进行。

（4）旁路作业设备的高压旁路电缆（含电缆引下线）、电缆对接头（T接头）、旁路开关的连接应核对分相标志，保证相位色的一致。

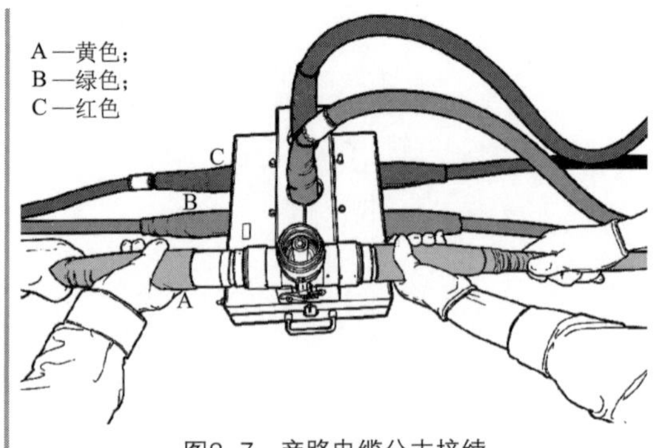

图2-7　旁路电缆分支接续

【注意事项】

（1）注意组装好的中间接头在牵引过程中不能受牵引力。

（2）清理过程中应防止插头接口内粘入灰尘和沙粒。

2.1.5　绝缘防护

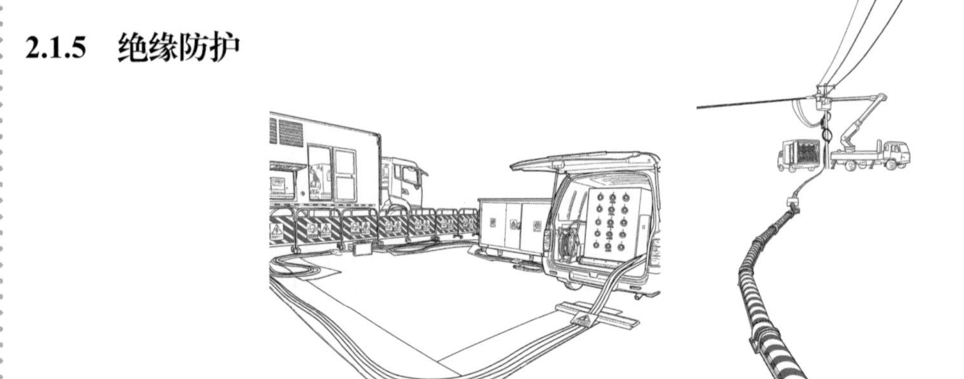

图2-8　低压、高压旁路电缆地面敷设绝缘防护

【技能描述】

（1）作业人员根据施工方案敷设旁路设备地面防护装置，包括电缆终端保护箱、电缆绝缘护管及护管接头绝缘罩、电缆对接头保护箱、电缆T接头保护箱，如遇路口应安装电缆架空绝缘支架并可靠固定。

（2）作业人员在敷设好的旁路设备地面防护装置内敷设旁路电缆。

（3）旁路电缆敷设好后应扣好防护装置的盖，防护管、保护箱的衔接点应保持适当电气“爬距”，并防止污垢。

【危险点】

（1）敷设旁路电缆方法错误、旁路电缆与地面摩擦，会导致旁路电缆外观损坏。

（2）旁路电缆敷设好后未按要求扣好防护罩。

（3）将运行中的高压设备直接放置于地面上，未设置绝缘防护设施，可能对过路行人造成伤害。

2.1.6 旁路电缆终端

图2-9 使用旁路转接电缆与架空线连接

【技能描述】

（1）旁路开关的电缆引下线与带电线路连接应按照先接开关端，后接导线端的原则进行。

（2）接电缆引下线时，带电作业人员穿戴相应的安全防护用具，使用带电作业绝缘斗臂车及工器具，将高压旁路电缆引下线搭接挂钩按照事前核定的相位搭接在运行的线路上，并用绝缘操作杆拧紧搭接金具的压紧螺栓。

（3）按照上述方法，分别将已安装在电源侧、负荷侧及分支线路侧电杆上的旁路开关的高压旁路电缆引下线与带电线路连接，并确认连接可靠。

（4）高压旁路电缆（含电缆引下线）、电缆对接头（T接头）、旁路开关组装后，应使用专用接地线将各旁路开关外壳接地。接地线截面不宜小于25mm^2。

【注意事项】

（1）旁路电缆引下线与运行的架空线路连接后，高压旁路电缆、电缆对接头（T接头）、旁路开关等应视为运行的高压设备，作业人员在未采取可靠的安全技术措施前，不得碰触。

（2）电缆引下线的挂钩应使用绝缘绳索或其他方式进行临时固定，以防止电缆引下线因重力脱出，并应防止挂钩与其他带电设备接触。

2.2　架空敷设

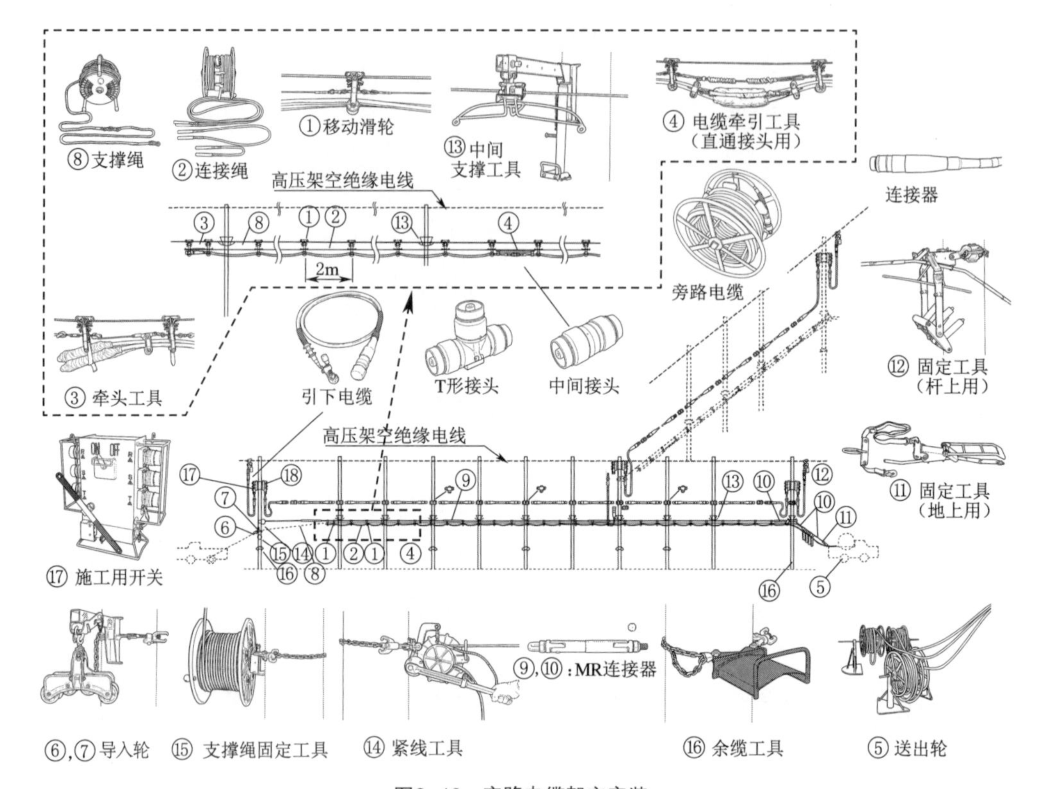

图2-10　旁路电缆架空安装

【技能描述】

（1）旁路作业设备的安装高度应与杆上其他带电设备保持足够的安全距离。

（2）横跨道路的安装高度：在电杆高度区间许可的条件下，旁路电缆的最低点应高于地面5m。不能满足时，则应采取其他措施或申请相应的交通管制，限制通行高度。

（3）旁路开关应分别安装在检修区段两端的首、末端电杆及分支线路末端电杆上。

（4）旁路开关一般安装于杆上距地面4.5m且距离杆上带电设备2m以外的区间内。安装时可根据电杆高度、安全要求和现场条件确定。

（5）斗内电工起升工作斗定位于安装旁路开关位置，在杆上电工配合下安装旁路开关及余缆工具，旁路开关外壳应良好接地。

（6）拆除高压旁路作业设备（含电缆引下线）前，应充分放电。

（7）旁路作业设备使用完毕，电缆插头、对接头（T接头）、旁路开关插座应盖上封帽或保护盖。

【注意事项】

（1）降雨条件下，不得组装旁路作业设备；组装完成的旁路作业设备允许在降雨条件下运行。

（2）实施旁路作业的工作现场应提前与交通管理部门确认施工范围，设置警戒线、安全围栏和施工标志。作业现场应设交通安全疏导人员，禁止无关人员进入施工现场，进入现场必须佩戴安全帽。

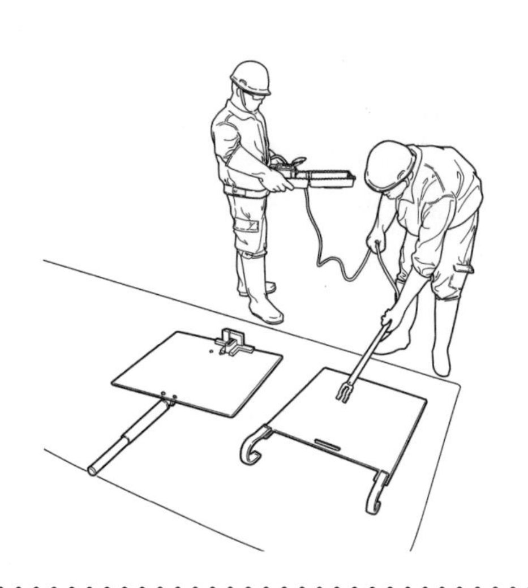

第 3 章

旁路作业前的检测

3.1　装备检测

3.1.1　旁路电缆检测

1. 绝缘电阻检测

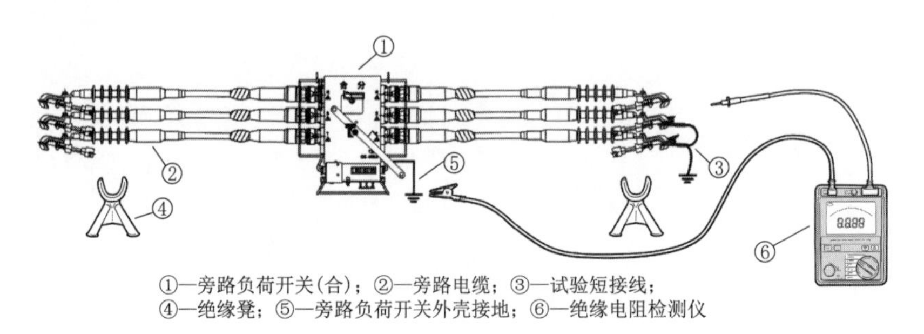

图3-1　旁路电缆相对地回路绝缘电阻检测

【技能描述】

（1）选用不小于5000V的绝缘电阻表，正极接旁路电缆线芯，负极接旁路电缆外屏蔽层，旁路电缆外屏蔽层通过旁路开关接地。

（2）旁路电缆放电：确认旁路负荷开关位于合闸位置，使用放电棒逐相将旁路电缆完全放电。

【危险点】

（1）检测时未戴绝缘手套，碰触表头触电。

（2）旁路电缆未充分放电，造成人身触电。

2. 导通检测

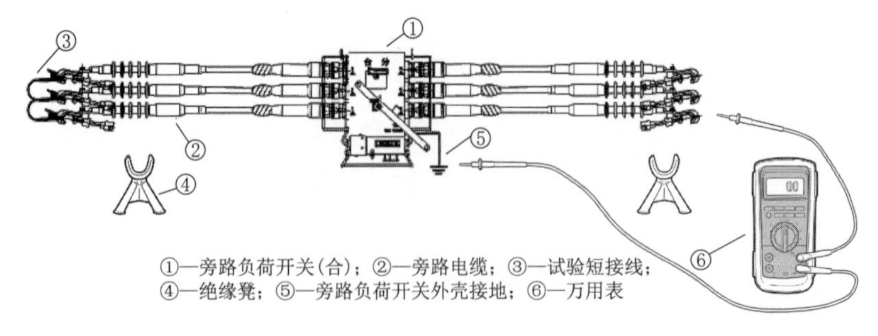

图3-2　旁路电缆回路导通检测

【技能描述】

（1）将旁路电缆一端三相短接。

（2）在旁路电缆对端使用万用表进行电阻测量：正负极依次接通旁路电缆两相线芯，确认电阻为零，则导通正常。

【危险点】

表头接触不良，数值不准。

3.　运行监测

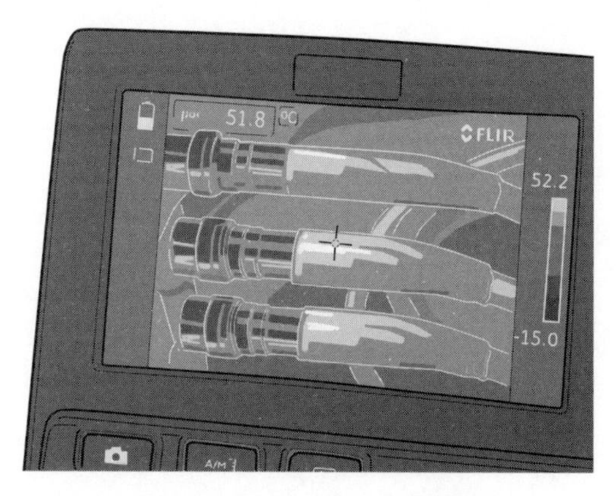

图3-3　旁路电缆回路运行监测

【技能描述】

（1）使用红外测试仪对旁路终端头、旁路负荷开关和旁路电缆本体进行测温。

（2）旁路负荷开关六氟化硫气体仪表观测。

【危险点】

（1）人员碰触旁路电缆，可能导致触电。

（2）旁路电缆终端接头意外断开，导致人员触电。

3.1.2　旁路作业有关设备及仪表的检测

1.　车载环网柜检测与操作

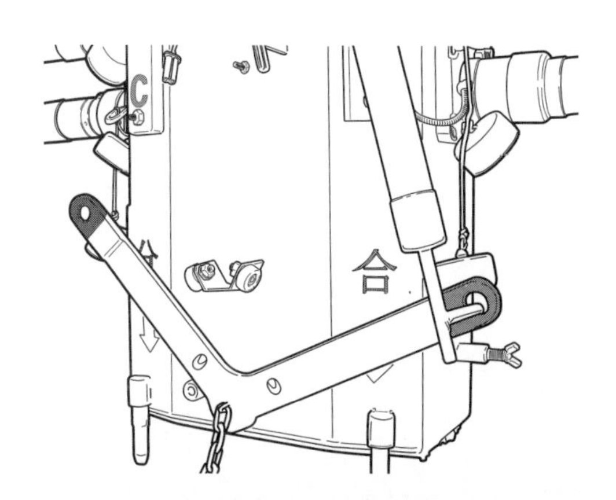

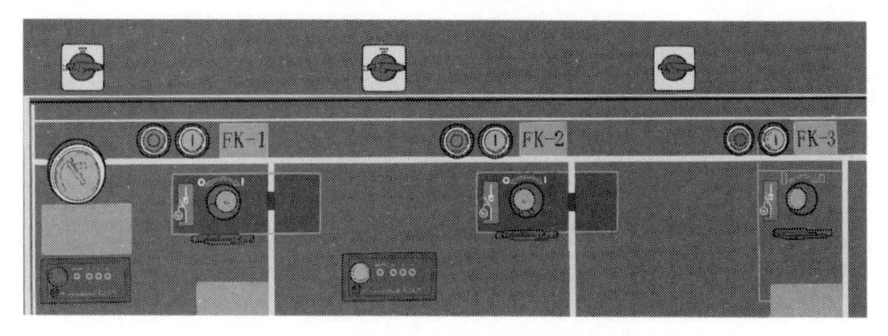

图3-4　旁路开关及环网柜操作机构检测

图3-5　移动箱变车及操作

【技能描述】

（1）旁路负荷开关试操作，使用操作杆对旁路负荷开关分、合闸操作，确认操作灵活，机构动作可靠，无卡死现象。

（2）车载高、低压开关柜（箱）试操作，分、合闸操作，观察机构分合闸指示正确，确认操作灵活，动作可靠，无卡死现象。

（3）车载变压器试操作，分、合闸操作，观察机构分合闸指示正确，确认操作灵活，动作可靠，无卡死现象。

（4）发电车试运行，确认运行平稳。

【危险点】

（1）机构分合闸不到位，可能导致人身触电。

（2）分合闸指示错误，造成人身和设备事故。

（3）闭锁装置失灵，意外跳闸，造成事故。

2.　电阻表、验电器检测

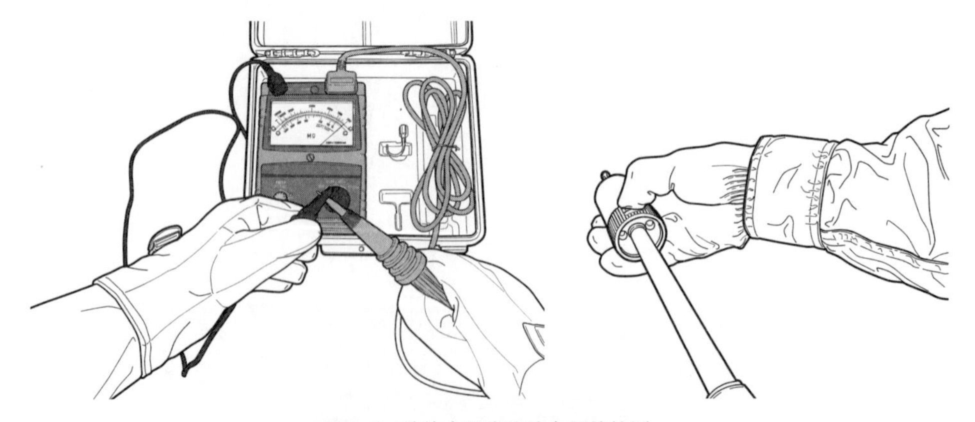

图3-6　绝缘电阻表及验电器的检测

【技能描述】

（1）核相仪检测：拨动核相仪开关按钮，检测核相仪完好。

（2）绝缘电阻表检测：短路检测，导线瞬时短接L和E端子，其指示应为零。开路检测，接通电源指示无穷大。

（3）万用表检测：用导线瞬时短接正、负极，其指示应为零。

（4）高压验电器检测：使用高压发生器检测，确认验电器声光功能正常。

（5）红外测温仪检测：开机，仪器运行正常，无故障指示。

（6）钳形电流表检测：开机，仪器运行正常，无故障指示。

【危险点】

（1）仪表操作错误时，无法确认仪表功能正常。

（2）仪表挡位使用错误，可能导致仪表损坏。

3.1.3　绝缘用具检测

1.　主绝缘工具检测

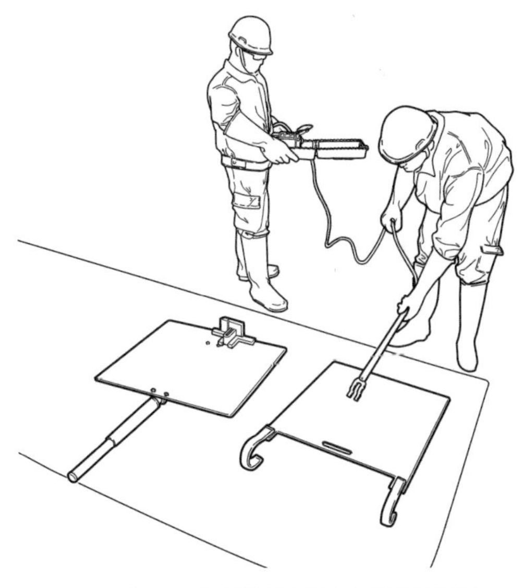

图3-7　使用绝缘电阻表检测绝缘隔板

【技能描述】

（1）使用干净毛巾将绝缘工具表面进行擦拭，并观察绝缘工具是否损坏，操作机构灵活。

（2）选用不小于5000V的绝缘电阻表,选用测试电极两极宽度不低于2cm，电极间距不小于2cm。

【危险点】

如果检测时未戴绝缘手套，碰触表头时会触电。

2.　辅助绝缘用具检测

图3-8　使用绝缘电阻表检测绝缘毯

图3-9　使用绝缘电阻表检测绝缘杆

【技能描述】

（1）使用干净毛巾将辅助绝缘用具表面进行擦拭，并观察辅助绝缘用具是否损坏。

（2）绝缘手套应充气检测，确认无龟裂、无漏层、无漏气及无粘连为合格。

【危险点】

如果检测时未戴绝缘手套，碰触表头时会触电。

3.2　核相

1.　高压旁路作业核相

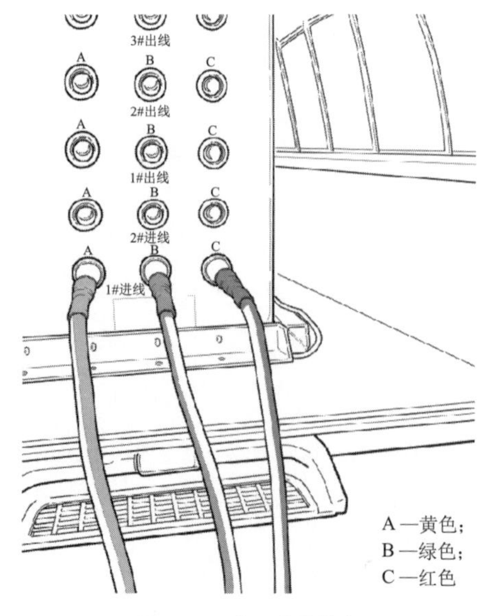

图3-10　高压旁路核相

【技能描述】

（1）核对相位色：工作负责人按照旁路设备色标核对相位色。

（2）设备自身核相：利用旁路负荷开关或车载开关柜自带的核相仪进行核相。

（3）核相仪核相：在旁路系统终端头与原电源连接处进行核相。

【危险点】

核相错误将导致设备短路或人身伤害。

2. 低压旁路作业核相

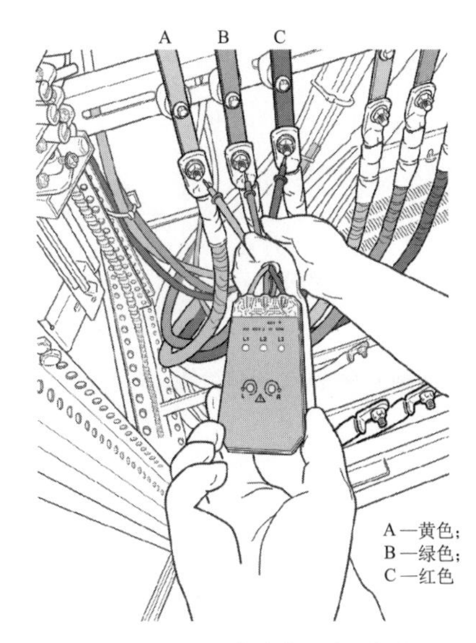

图3-11 低压旁路作业核对相序

【技能描述】

（1）选用低压相序表。

（2）在低压旁路电缆与原低压电源连接处核对相序。

【危险点】

相序接入错误将导致用户电机反转。

3.3　负荷电流检测

3.3.1　高压旁路系统负荷电流检测

1. 架空线路电流检测

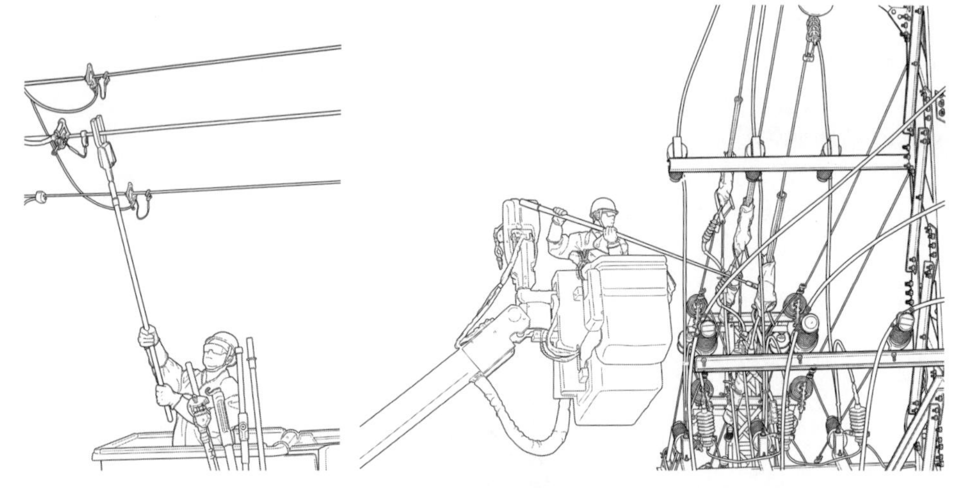

图3-12　作业人员使用绝缘杆式电流检测仪对架空导线进行电流检测

【技能描述】

（1）作业人员操作绝缘杆式电流检测仪卡在待测导线上，检测回路负荷电流。

【注意事项】

（1）电流表操作应正确，以免检测无法顺利完成。

（2）测量时应注意身体各部分与带电体保持不小于0.4m的安全距离。

2. 旁路系统电流检测

图3-13　作业人员使用钳形电流表检测旁路电缆负荷电流

【技能描述】

作业人员将钳形电流表钳口卡在旁路电缆上。

【注意事项】

（1）钳形电流表操作应正确，以免检测无法顺利完成。

（2）注意钳形电流表外壳有无破损，避免人员触电事故。

（3）旁路电缆负荷电流不得超过旁路设备额定通流上限。

3.3.2 低压旁路系统负荷电流检测

1. 低压负荷转移

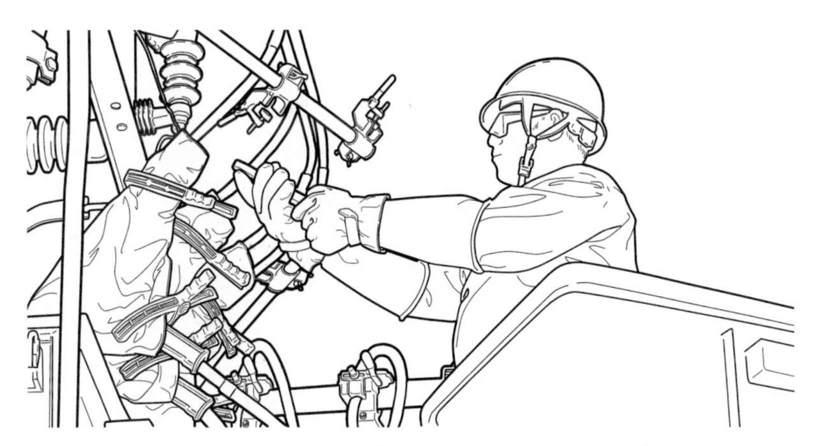

图3-14 作业人员使用钳形电流表检测低压电缆负荷电流

【技能描述】

（1）作业人员将钳形电流表钳口卡在待测低压导线上。

【注意事项】

（1）钳形电流表操作正确，以免检测无法顺利完成。

（2）注意钳形电流表外壳有无破损，避免人员触电。

（3）低压电缆负荷电流不得超过设备额定通流上限。

2.　旁路发电

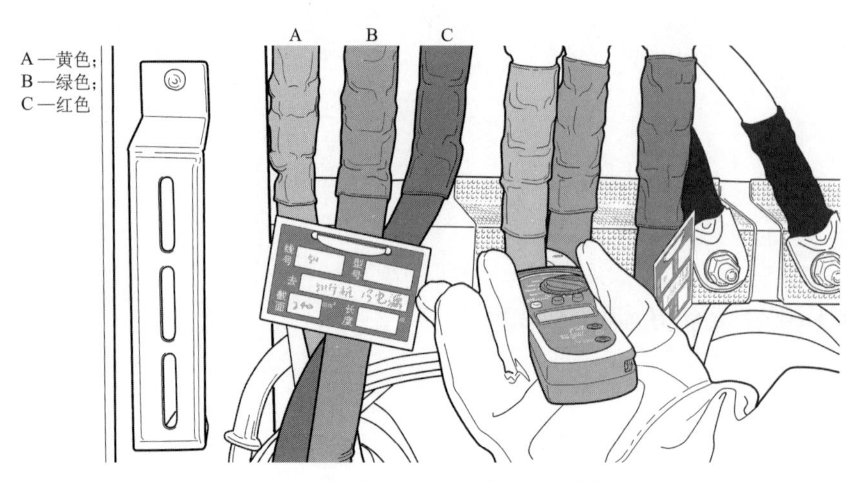

图3-15　低压侧临时电源供电检测负荷电流

【技能描述】

（1）作业人员将钳形电流表钳口卡在待测低压电缆上。

【注意事项】

（1）钳形电流表操作应正确，以免检测无法顺利完成。

（2）注意钳形电流表外壳有无破损，避免人员触电。

（3）低压电缆负荷电流不得超过设备额定通流上限。

（4）测量时应注意身体各部分与带电体保持安全距离。

第 4 章

旁路作业倒闸操作

4.1　旁路系统投运

4.1.1　高压旁路系统投运

4.1.1.1　旁路负荷开关投运

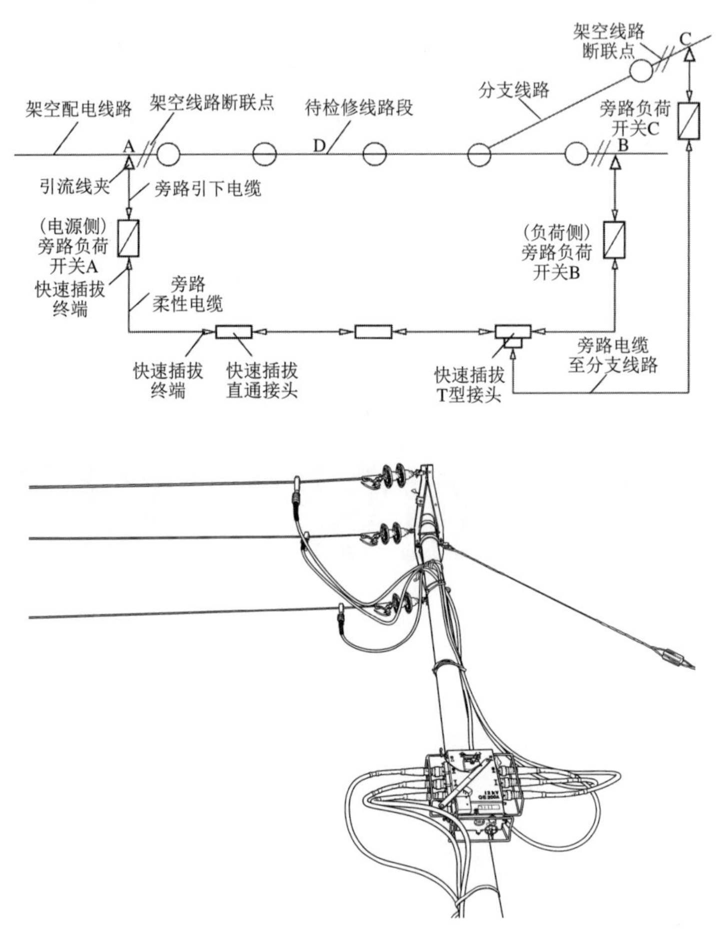

图4-1　旁路作业检修架空线路

【技能描述】

（1）操作人员执行《配电倒闸操作票》，按照“先送电源侧，后送负荷侧”的原则，合上送电侧（电源侧）旁路负荷开关，再合受电侧（负荷侧）旁路负荷开关，旁路电缆回路投入运行。

（2）检测确认旁路电缆分流正常(应不小于原线路电流的1/4～3/4)，待检修线路退出运行。

【注意事项】

（1）操作旁路设备，操作人员应戴绝缘手套进行，拉合旁路负荷开关应使用绝缘操作杆。

（2）操作人员应严格执行工作许可制度、《配电倒闸操作票》制度和工作监护制度，严禁无票操作。

（3）倒闸操作时应两人进行，一人监护、一人操作，并严格执行唱票、复诵制。

4.1.1.2 移动箱变车投运

1. 更换柱上变压器

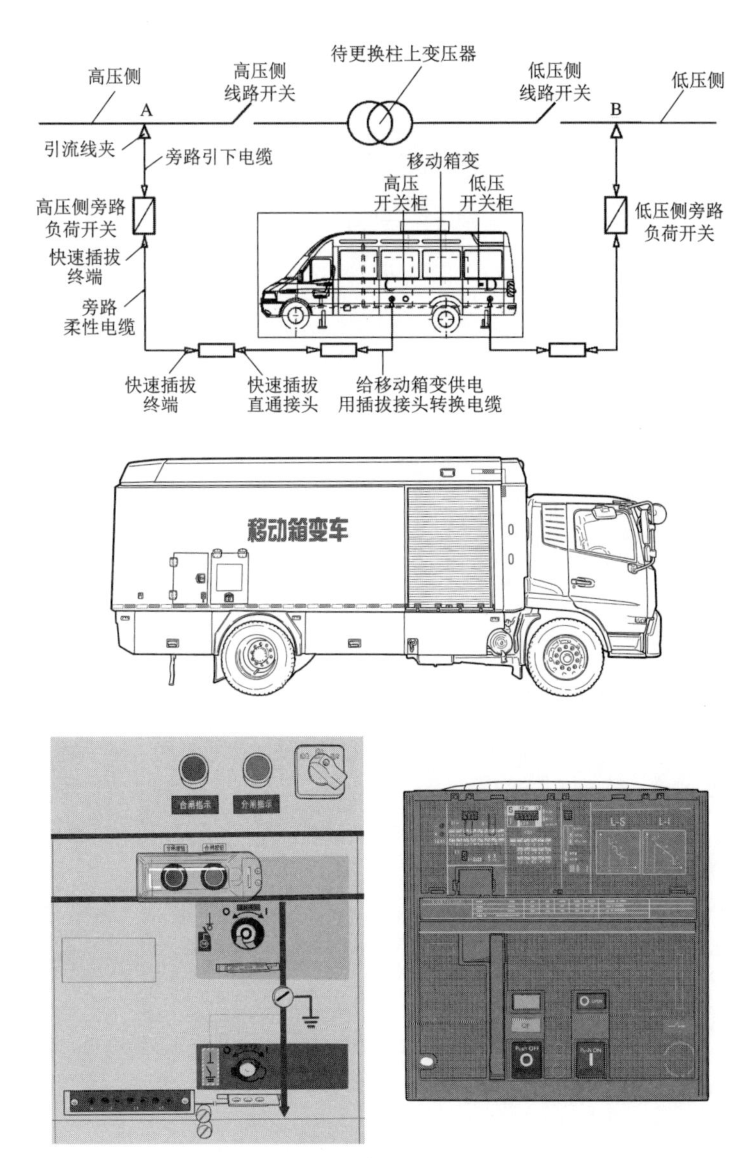

图4-2 使用移动箱变车更换柱上变压器

【技能描述】

（1）操作人员执行《配电倒闸操作票》，按照“先送电源侧，后送负荷侧”的原则，合上高压侧旁路负荷开关，再合移动箱变车进线开关、低压开关，旁路变压器投入运行。

（2）测量移动箱变车分流情况,确认分流正常；断开待检修变压器低压侧开关、高压侧开关,待检修变压器退出运行。

【注意事项】

（1）操作旁路设备，操作人员应戴绝缘手套进行，拉合旁路负荷开关时，应使用绝缘操作杆。

（2）操作人员应严格执行工作许可制度、《配电倒闸操作票》制度和工作监护制度，严禁无票操作。

（3）操作时应两人进行，一人监护、一人操作，并严格执行唱票、复诵制。

2. 架空线路临时取电

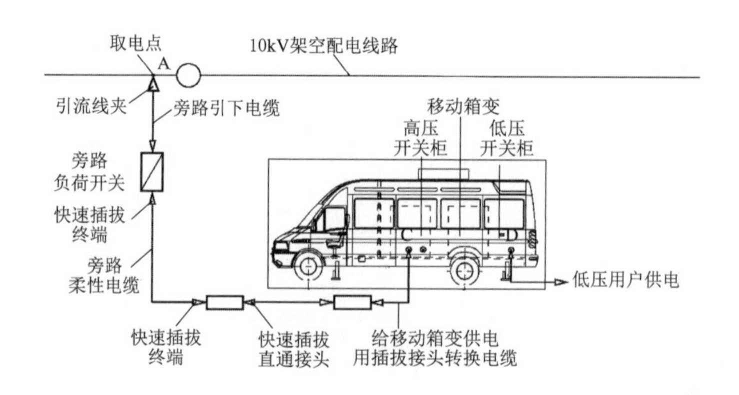

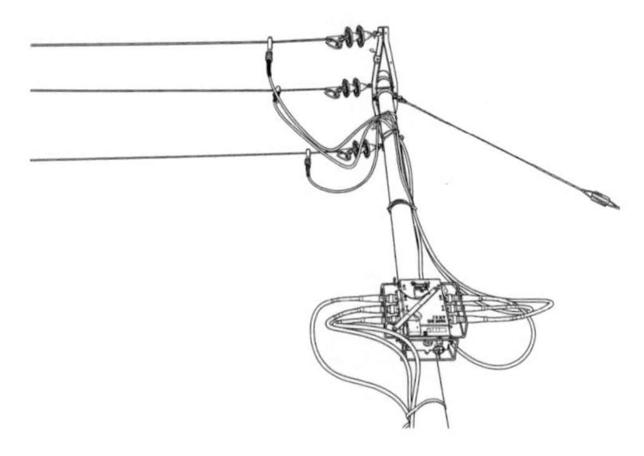

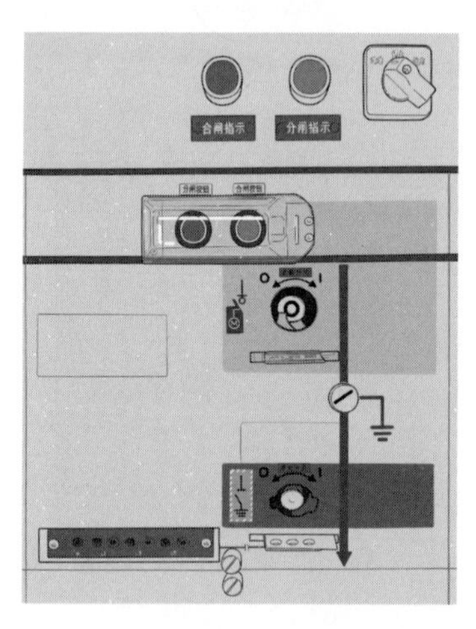

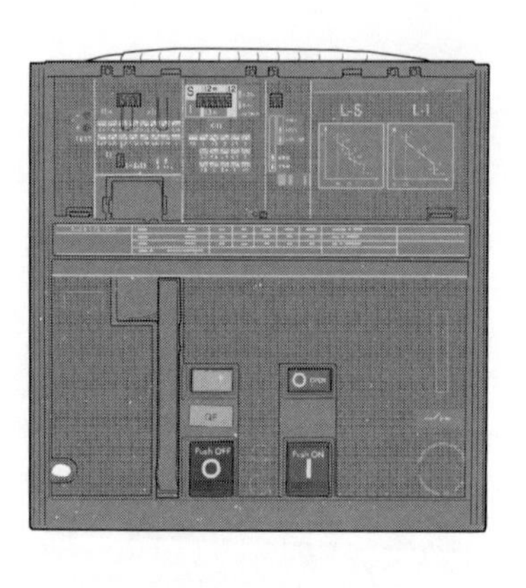

图4-3　从架空线路临时取电给移动箱变车供电

【技能描述】

（1）操作人员执行《配电倒闸操作票》，在确认旁路高、低压开关处于断开位置的前提下，按照“先送电源侧，后送负荷侧”的原则，先合上高压侧（电源侧）旁路负荷开关，再合移动箱变车高压进线开关、低压开关，移动箱变车上的变压器投入运行。

（2）每隔半小时检测1次旁路回路电流，确认移动箱变供电正常。

【注意事项】

（1）操作旁路设备时，操作人员应戴绝缘手套；拉合旁路负荷开关时，应使用绝缘操作杆。

（2）操作人员应严格执行工作许可制度、《配电倒闸操作票》制度和工作监护制度，严禁无票操作。

（3）操作时应两人进行，一人监护、一人操作，并严格执行唱票、复诵制。

3. 环网柜临时取电

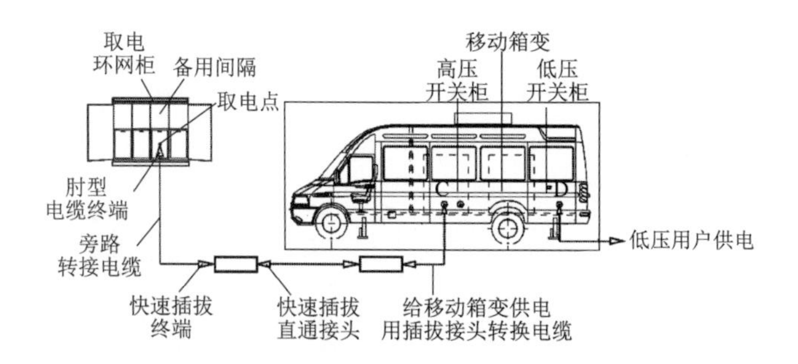

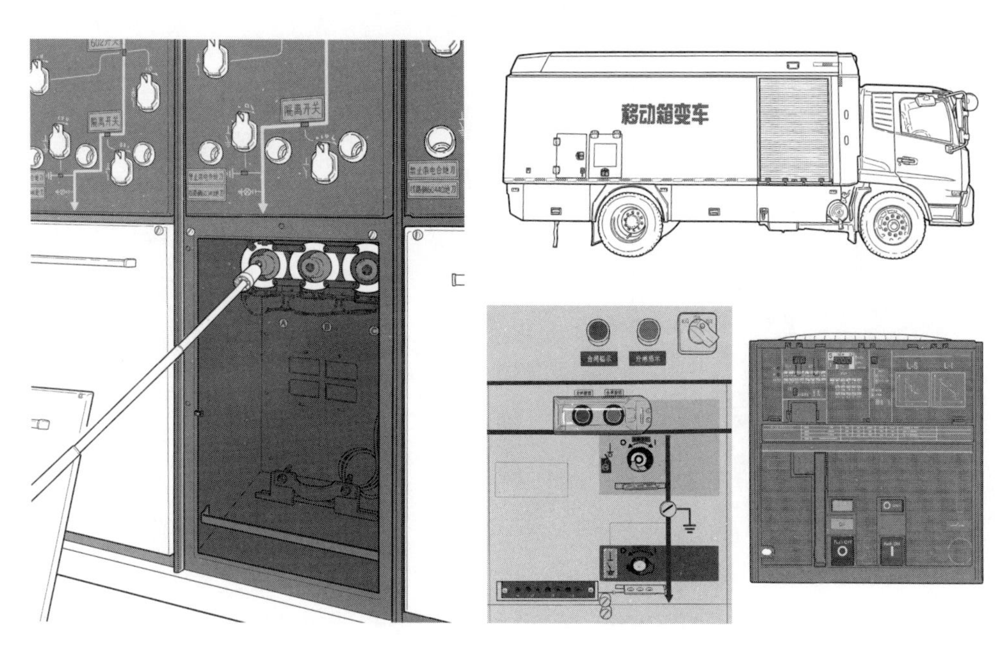

图4-4 从环网柜临时取电给移动箱变车供电

【技能描述】

（1）操作人员执行《配电倒闸操作票》，在确认取电环网柜（送电侧）备用间隔开关、移动箱变车高、低压开关处于断开位置的前提下，按照“先送电源侧，后送负荷侧”的原则，合上取电环网柜（送电侧）备用间隔开关，移动箱变车高压进线开关、低压开关，移动箱变车上的变压器投入运行，实施临时取电工作。

（2）每隔半小时检测1次旁路回路电流，确认移动箱变供电工作正常。

【注意事项】

（1）操作高低压设备时，操作人员应戴绝缘手套。

（2）操作人员应严格执行工作许可制度、《配电倒闸操作票》制度和工作监护制度，严禁无票操作。

（3）操作时应两人进行，一人监护、一人操作，并严格执行唱票、复诵制。

4.1.1.3　环网柜备用间隔投运

1.　检修电缆线路

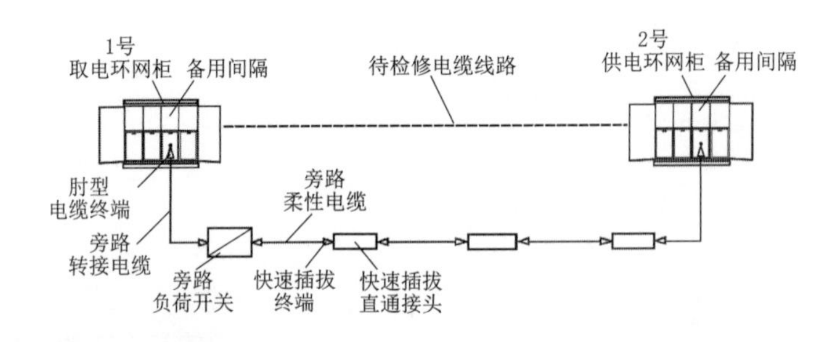

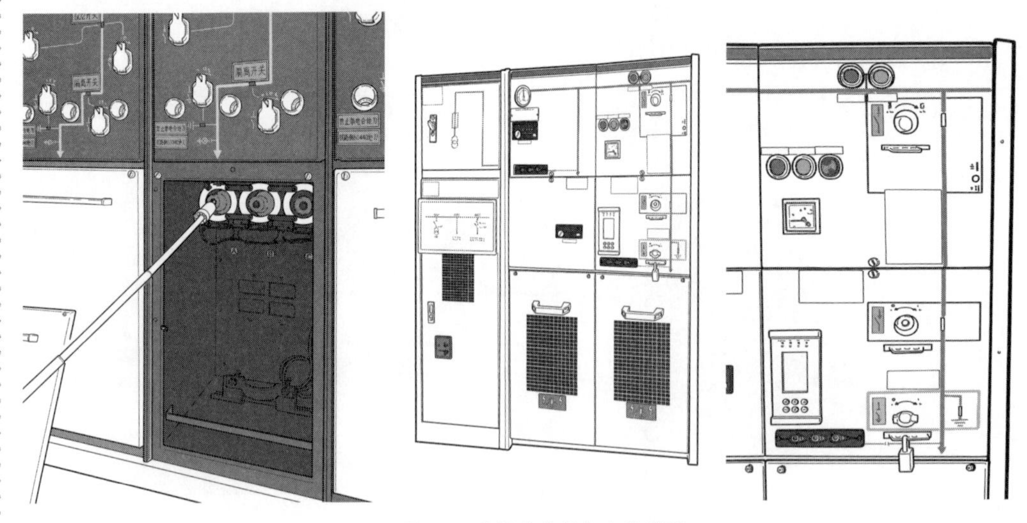

图4-5　旁路作业检修电缆线路

【技能描述】

（1）操作人员执行《配电倒闸操作票》，在确认取电环网柜（送电侧）备用间隔开关、供电环网柜（受电侧）备用间隔开关处于断开位置的前提下，按照“先送电源侧，后送负荷侧”的原则，先合上取电环网柜（送电侧）备用间隔开关，再合供电环网柜（受电侧）备用间隔开关，在旁路负荷开关处核相无误后，合上旁路负荷开关，旁路电缆回路投入运行。

（2）检测确认旁路电缆分流正常(应不小于原线路电流的1/4～3/4)，断开待检修电缆线路设备两侧的对应间隔开关，待检修电缆线路退出运行。

【注意事项】

（1）操作旁路设备时，操作人员应戴绝缘手套；拉合旁路负荷开关时，应使用绝缘操作杆。

（2）操作人员应严格执行工作许可制度、《配电倒闸操作票》制度和工作监护制度，严禁无票操作。

（3）操作时应两人进行，一人监护、一人操作，并严格执行唱票、复诵制。

（4）核相应正确，避免因核相错误旁路负荷开关合闸后导致设备短路。

2. 检修环网柜

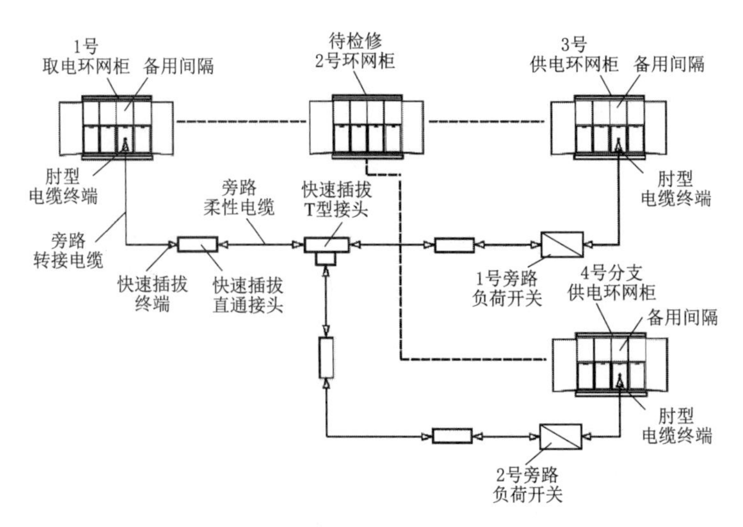

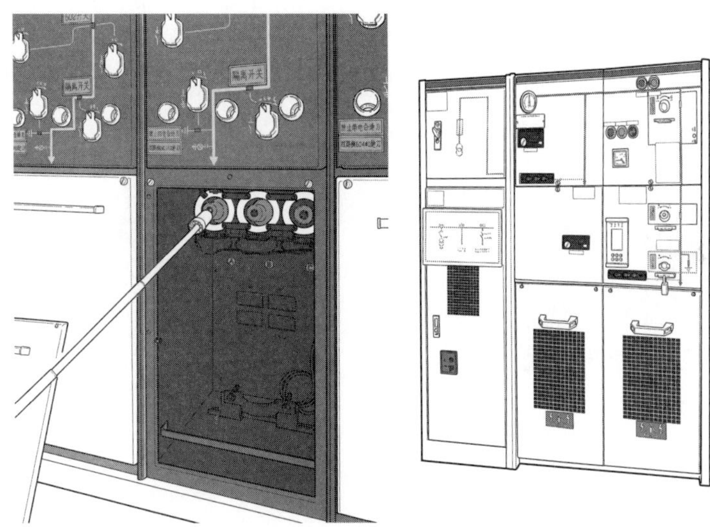

图4-6 旁路作业检修环网柜

【技能描述】

（1）操作人员执行《配电倒闸操作票》，在确认取电环网柜（送电侧）备用间隔开关、供电环网柜（受电侧）备用间隔开关处于断开位置的前提下，按照“先送电源侧，后送负荷侧”的原则，先合上取电环网柜（送电侧）备用间隔开关，再合上供电环网柜（受电侧）备用间隔开关，分别在两旁路负荷开关处核相无误后，合上旁路负荷开关，旁路电缆回路投入运行。

（2）检测确认旁路电缆分流正常(应不小于原线路电流的1/4～3/4)，断开待检修环网柜设备的进（出）线对应的间隔开关，待检修环网柜退出运行。

【注意事项】

（1）操作旁路设备时，操作人员应戴绝缘手套；拉合旁路负荷开关时，应使用绝缘操作杆。

（2）操作人员应严格执行工作许可制度、《配电倒闸操作票》制度和工作监护制度，严禁无票操作。

（3）操作时应两人进行，一人监护、一人操作，并严格执行唱票、复诵制。

（4）核相应正确，避免因核相错误旁路负荷开关合闸后导致设备短路。

3. 架空线路临时取电

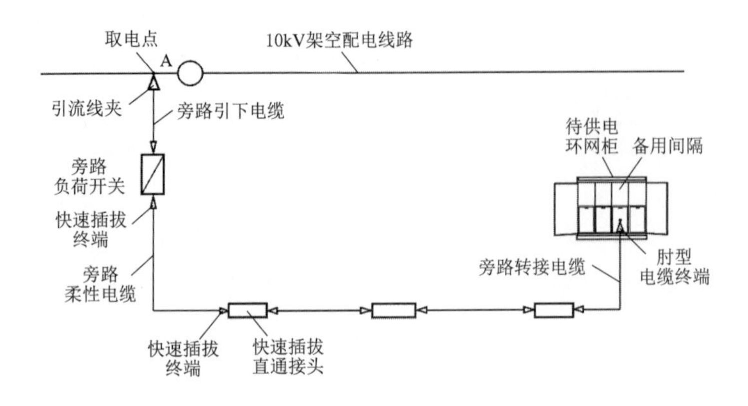

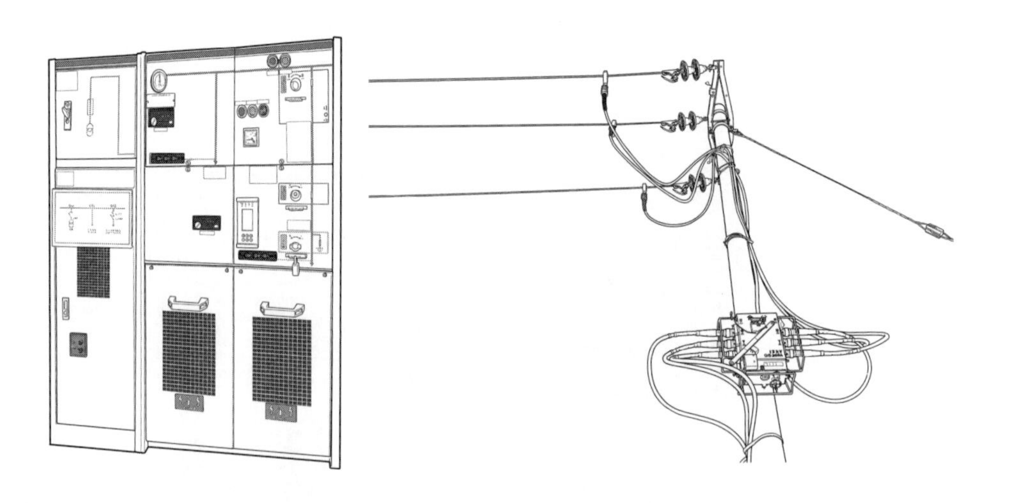

图4-7 从架空线路临时取电给环网柜供电

【技能描述】

（1）操作人员执行《配电倒闸操作票》，在确认（送电侧）旁路负荷开关、（受电侧）供电环网柜备用间隔开关位于断开位置的前提下，按照“先送电源侧，后送负荷侧”的原则，先合上（送电侧）旁路负荷开关、再合上（受电侧）环网柜备用间隔开关，实施临时取电工作。

（2）每隔半小时检测1次旁路回路电流，确认旁路电缆回路供电工作正常。

【注意事项】

（1）操作旁路设备时，操作人员应戴绝缘手套；拉合旁路负荷开关时，应使用绝缘操作杆。

（2）操作人员应严格执行工作许可制度、《配电倒闸操作票》制度和工作监护制度，严禁无票操作。

（3）操作时应两人进行，一人监护、一人操作，并严格执行唱票、复诵制。

4. 环网柜临时取电

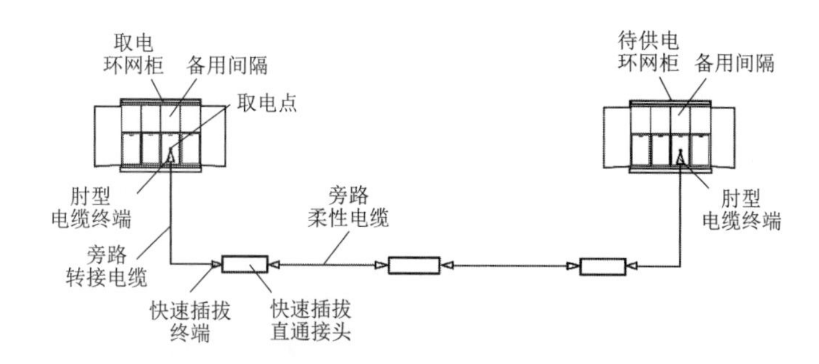

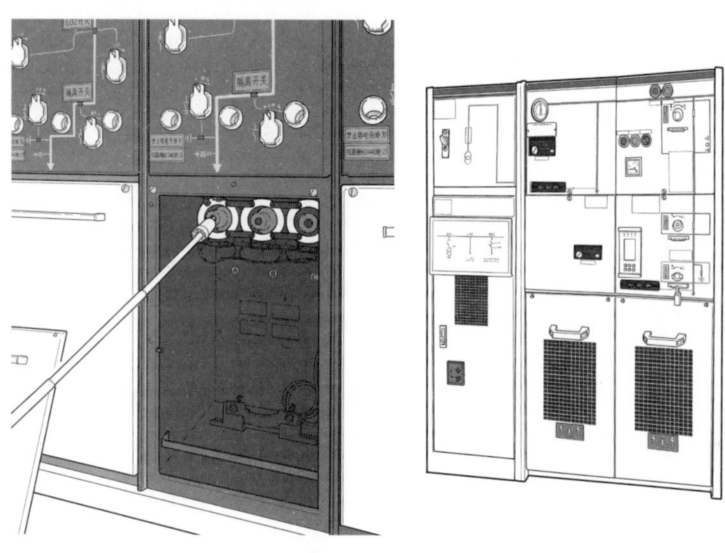

图4-8 从环网柜临时取电给环网柜供电

【技能描述】

（1）操作人员执行《配电倒闸操作票》，在确认（送电侧）取电环网柜备用间隔开关、（受电侧）供电环网柜备用间隔开关位于断开位置的前提下，按照“先送电源侧，后送负荷侧”的原则，先合上（送电侧）取电环网柜备用间隔开关，再合上（受电侧）环网柜备用间隔开关，实施临时取电工作。

（2）每隔半小时检测1次旁路回路电流，确认旁路电缆回路供电工作正常。

【注意事项】

（1）操作旁路设备时，操作人员应戴好绝缘手套。

（2）操作人员应严格执行工作许可制度、《配电倒闸操作票》制度和工作监护制度，严禁无票操作。

（3）操作时应两人进行，一人监护、一人操作，并严格执行唱票、复诵制。

4.1.1.4　中压发电系统投运

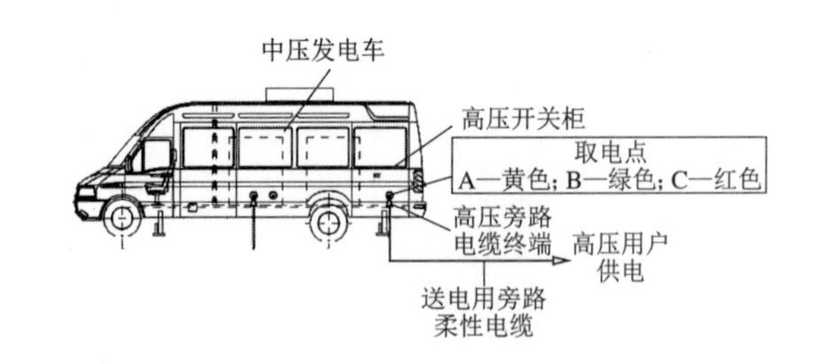

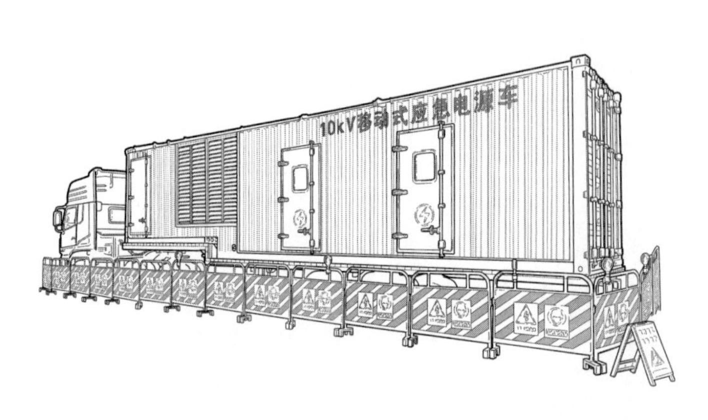

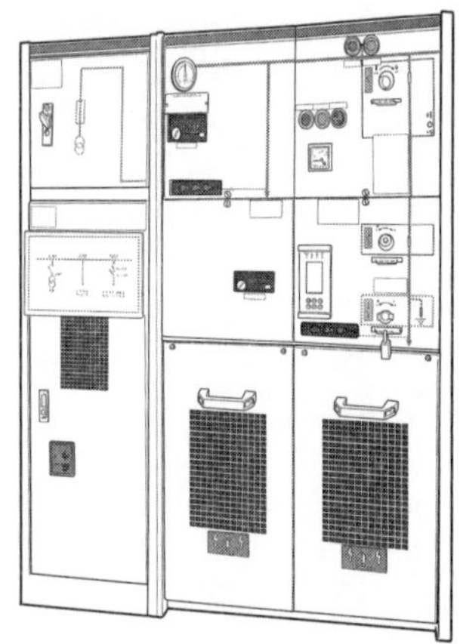

图4-9　中压发电车直接给高压用户供电

【技能描述】

（1）操作人员执行《配电倒闸操作票》，合上高压开关，中压发电系统投入运行。

（2）每隔半小时检测1次旁路回路电流，确认旁路电缆回路供电工作正常。

【注意事项】

（1）操作旁路设备时，操作人员应戴好绝缘手套。

（2）操作人员应严格执行工作许可制度、《配电倒闸操作票》制度和工作监护制度，严禁无票操作。

（3）操作时应两人进行，一人监护、一人操作，并严格执行唱票、复诵制。

4.1.2 低压旁路系统投运

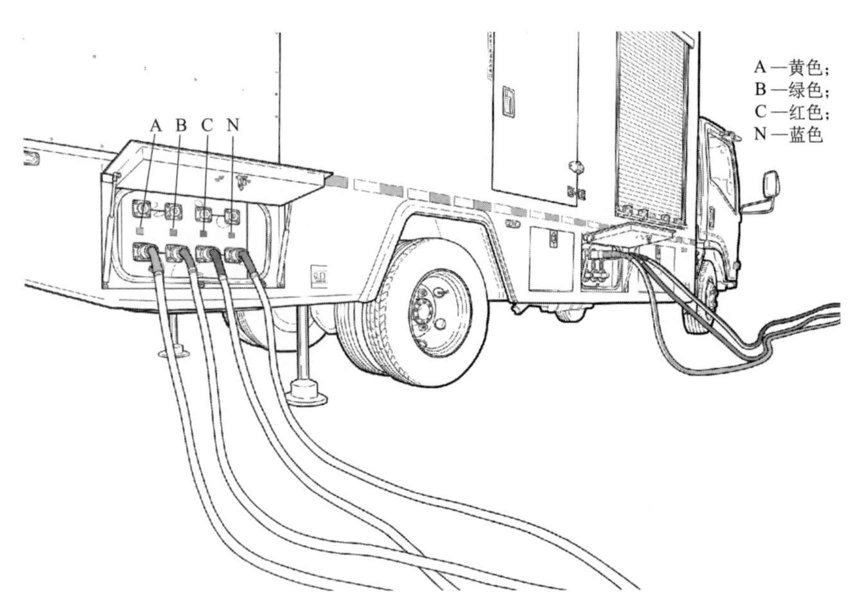

图4-10 移动箱变车低压部分投运

图4-11 移动箱变车高压进线开关投运

图4-12　移动箱变车低压控制柜投运

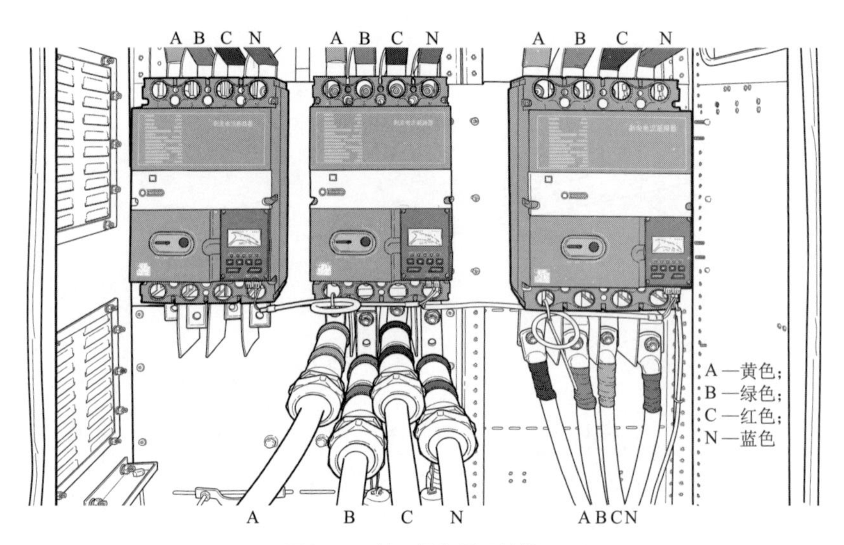

图4-13　低压柜备用开关投运

【技能描述】

（1）操作人员执行《配电倒闸操作票》，按照“先送电源侧，后送负荷侧”的原则，先合上移动箱变车高压进线开关，再合上变压器开关、移动箱变车低压出线开关，低压临时供电回路投入运行。

（2）检测确认旁路电缆分流正常(应不小于原线路电流的1/4～3/4)，待检修线路退出运行。

【注意事项】

（1）操作旁路设备时，操作人员应戴好绝缘手套。

（2）操作人员应严格执行工作许可制度、《配电倒闸操作票》制度和工作监护制度，严禁无票操作。

（3）操作时应两人进行，一人监护、一人操作，并严格执行唱票、复诵制。

4.2　旁路系统退役

4.2.1　高压旁路系统退役

4.2.1.1　旁路负荷开关退役

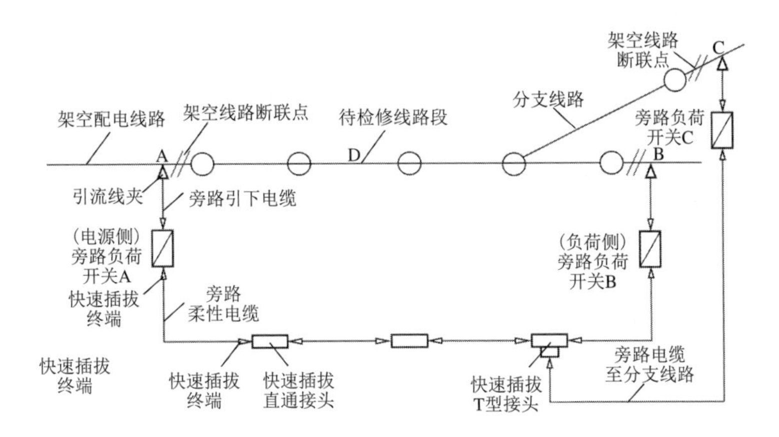

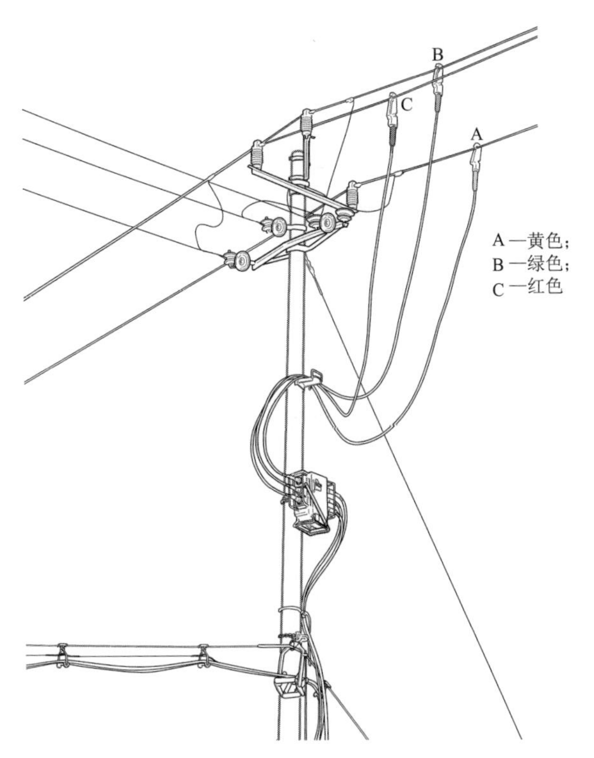

图4-14　高压旁路作业检修架空线路

【技能描述】

（1）操作人员确认已检修线路投入运行。

（2）操作人员执行《配电倒闸操作票》，按照“先断负荷侧，后断电源侧”的原则，先断开（负荷侧）旁路负荷开关B，再断开（电源侧）旁路负荷开关A，旁路电缆回路退出运行。

（3）旁路电缆回路退出运行后，应对全回路充分放电。

【注意事项】

（1）操作旁路设备时，操作人员应戴绝缘手套；拉合旁路负荷开关时，应使用绝缘操作杆。

（2）操作人员应严格执行工作许可制度、《配电倒闸操作票》制度和工作监护制度，严禁无票操作。

（3）操作时应两人进行，一人监护、一人操作，并严格执行唱票、复诵制。

（4）旁路电缆回路退出运行后应充分放电，避免因放电不充分导致的人员触电。

4.2.1.2　移动箱变车退役

1.　更换变压器

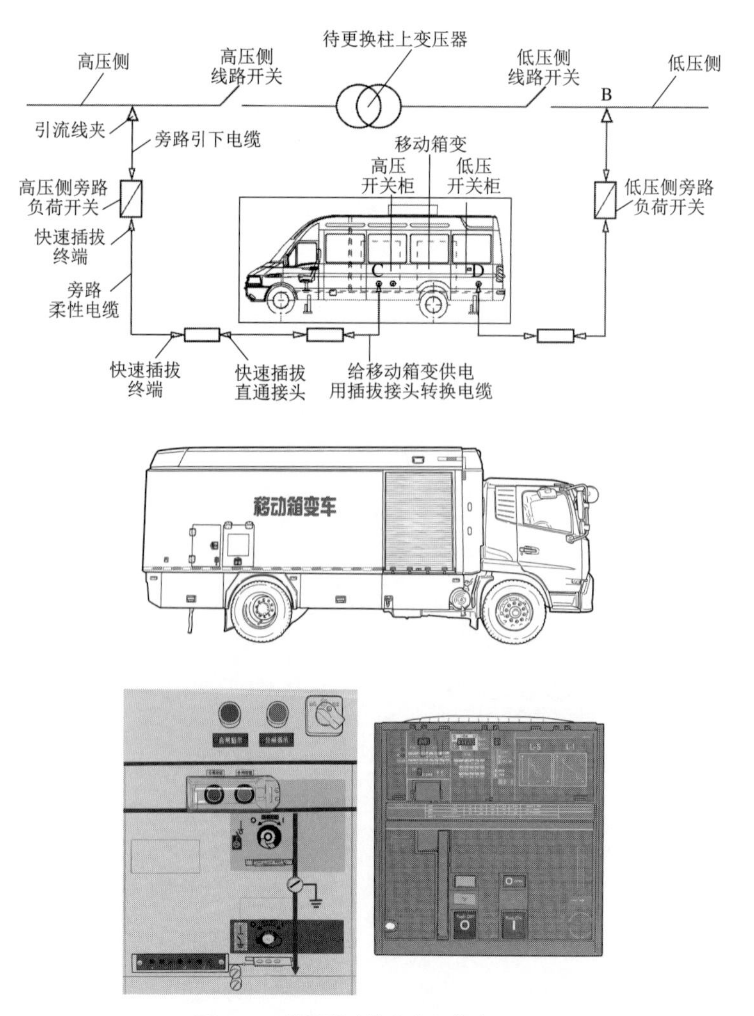

图4-15　使用移动箱变车更换变压器

【技能描述】

（1）操作人员执行《配电倒闸操作票》，按照“先送电源侧，后送负荷侧”的原则，先合上已检修变压器高压侧开关，再合上低压侧开关,确认已检修变压器投入运行。

（2）操作人员执行《配电倒闸操作票》，按照“先断负荷侧，后断电源侧”的原则，先断开移动箱变车低压出线开关，再断开移动箱变车高压进线开关、高压侧旁路负荷开关，移动箱变车退出运行。

（3）高压旁路电缆回路退出运行后，应对全回路充分放电。

【注意事项】

（1）操作旁路设备时，操作人员应戴绝缘手套；拉合旁路负荷开关时，应使用绝缘操作杆。

（2）操作人员应严格执行工作许可制度、《配电倒闸操作票》制度和工作监护制度，严禁无票操作。

（3）操作时应两人进行，一人监护、一人操作，并严格执行唱票、复诵制。

（4）高压旁路电缆回路退出运行后应充分放电，避免因放电不充分导致的人员触电。

2.　架空线路临时取电

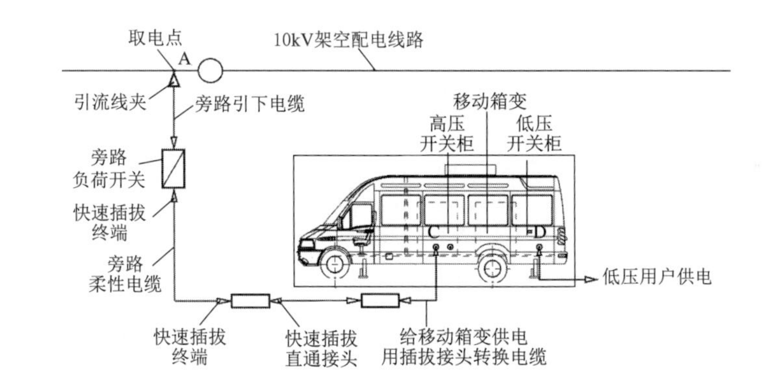

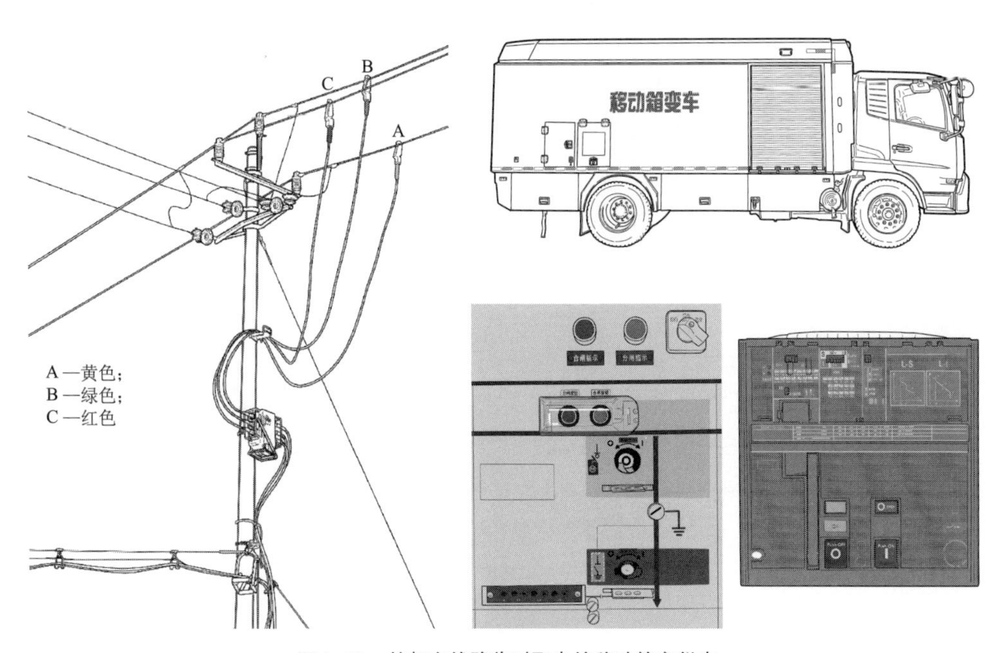

图4-16　从架空线路临时取电给移动箱变供电

【技能描述】

（1）操作人员执行《配电倒闸操作票》，按照“先断负荷侧，后断电源侧”的原则，先断开移动箱变车低压出线开关，再依次断开移动箱变车变压器高压开关、移动箱变车高压进线开关、高压侧旁路负荷开关，移动箱变车退出运行，临时取电工作结束。

（2）高压旁路电缆回路退出运行后，应对全回路充分放电。

【注意事项】

（1）操作旁路设备时，操作人员应戴绝缘手套；拉合旁路负荷开关时，应使用绝缘操作杆。

（2）操作人员应严格执行工作许可制度、《配电倒闸操作票》制度和工作监护制度，严禁无票操作。

（3）操作时应两人进行，一人监护、一人操作，并严格执行唱票、复诵制。

（4）高压旁路电缆回路退出运行后应充分放电，避免因放电不充分导致的人员触电。

3. 环网柜临时取电

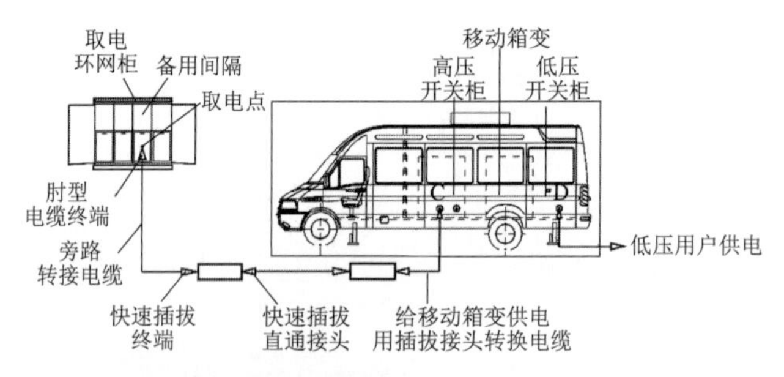

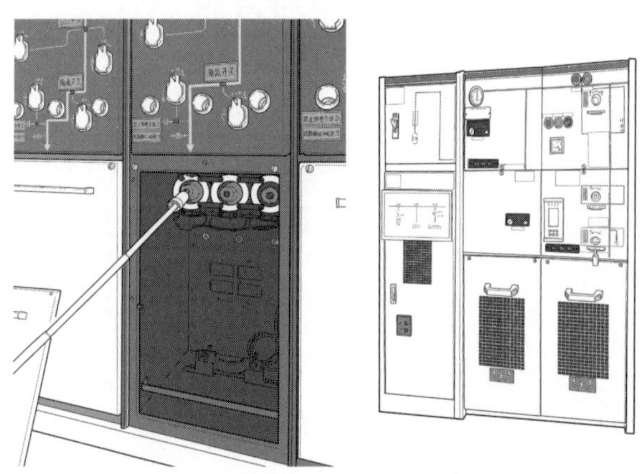

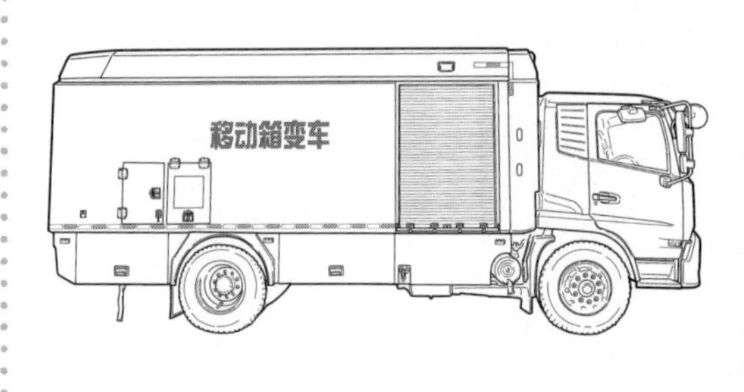

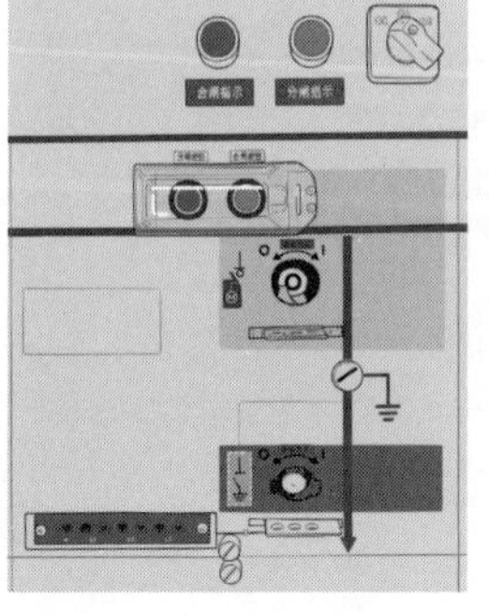

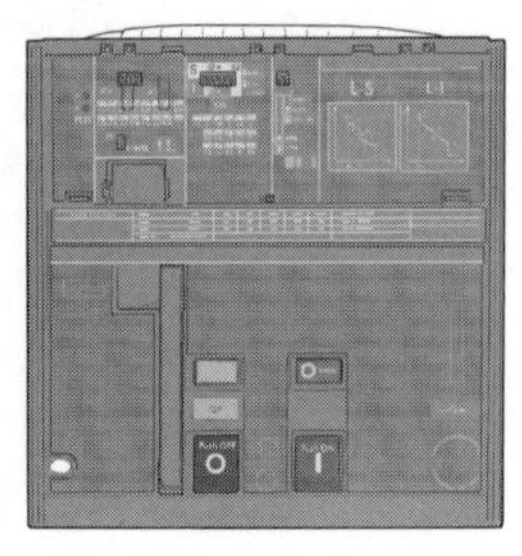

图4-17 从环网柜临时取电给移动箱变供电

【技能描述】

（1）操作人员执行《配电倒闸操作票》，按照“先断负荷侧，后断电源侧”的原则，先断开移动箱变车低压出线开关，再依次断开移动箱变车变压器开关、高压进线开关、取电环网柜（送电侧）备用间隔开关，移动箱变车退出运行，临时取电工作结束。

（2）高压旁路电缆回路退出运行后，应对全回路充分放电。

【注意事项】

（1）操作旁路设备时，操作人员应戴绝缘手套。

（2）操作人员应严格执行工作许可制度、《配电倒闸操作票》制度和工作监护制度，严禁无票操作。

（3）操作时应两人进行，一人监护、一人操作，并严格执行唱票、复诵制。

（4）高压旁路电缆回路退出运行后应充分放电，避免因放电不充分导致的人员触电。

4.2.1.3　环网柜备用间隔退役

1.　检修电缆线路

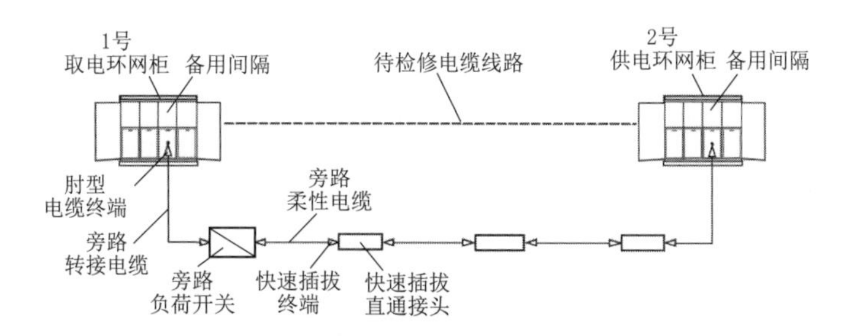

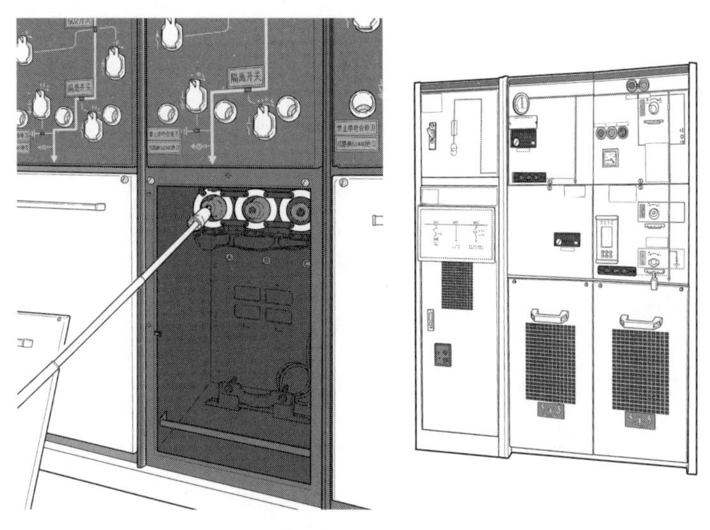

图4-18　旁路作业检修电缆线路

【技能描述】

（1）操作人员执行《配电倒闸操作票》，按照“先送电源侧，后送负荷侧”的原则，合上已检修电缆线路设备两侧的间隔开关，已检修电缆线路投入运行。

（2）操作人员执行《配电倒闸操作票》，按照“先断负荷侧，后断电源侧”的原则，先断开供电环网柜（受电侧）备用间隔开关，再断开取电环网柜（送电侧）备用间隔开关，旁路电缆回路退出运行。

（3）高压旁路电缆回路退出运行后，应对全回路充分放电。

【注意事项】

（1）操作旁路设备时，操作人员应戴好绝缘手套。

（2）操作人员应严格执行工作许可制度，《配电倒闸操作票》制度和工作监护制度，严禁无票操作。

（3）操作过程必须是操作人员两人进行，一人监护、一人操作，并严格执行唱票、复诵制。

（4）高压旁路电缆回路退出运行后应充分放电，避免因放电不充分导致的人员触电。

2.　检修环网柜

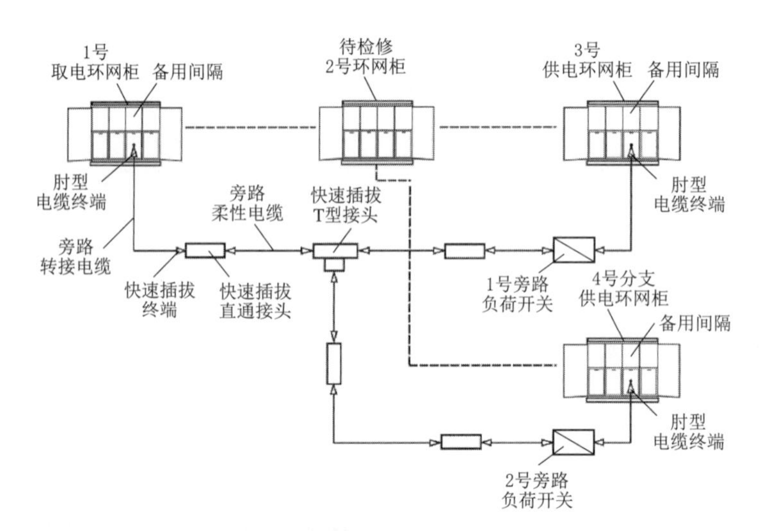

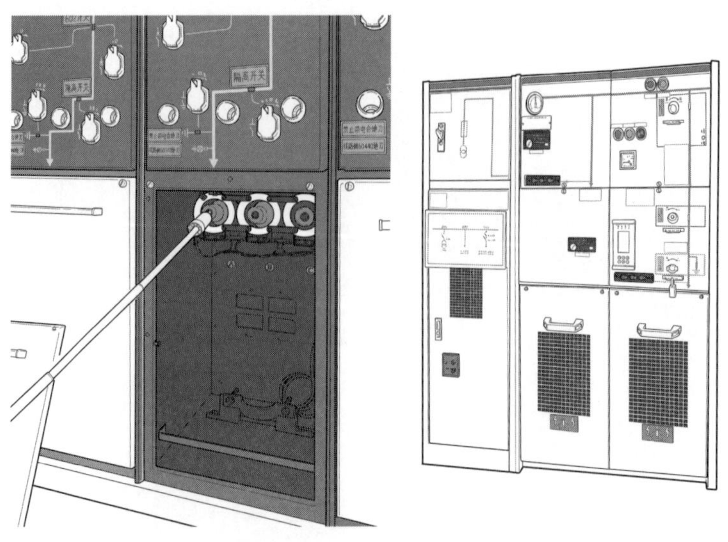

图4-19　旁路作业检修环网柜

【技能描述】

（1）环网柜检修完毕，操作人员执行《配电倒闸操作票》，按照“先送电源侧，后送负荷侧”的原则，先合上已检修环网柜上级的出线间隔开关，再依次合上已检修环网柜的进线、出线间隔开关，已检修环网柜投入运行。

（2）操作人员执行《配电倒闸操作票》，在确认取电环网柜（送电侧）间隔开关、供电环网柜（受电侧）间隔开关处于合闸位置的前提下，按照“先断负荷侧，后断电源侧”的原则，先分别拉开两供电环网柜（受电侧）的备用间隔开关，再拉开取电环网柜（送电侧）的备用间隔开关，旁路电缆回路退出运行。

（3）高压旁路电缆回路退出运行后，应对全回路充分放电。

【注意事项】

（1）操作旁路设备时，操作人员应戴绝缘手套；拉合旁路负荷开关时，应使用绝缘操作杆。

（2）操作人员应严格执行工作许可制度，严格执行《配电倒闸操作票》制度和工作监护制度，严禁无票操作。

（3）操作时应两人进行，一人监护、一人操作，并严格执行唱票、复诵制。

（4）高压旁路电缆回路退出运行后应充分放电，避免因放电不充分导致的人员触电。

3. 架空线路临时取电

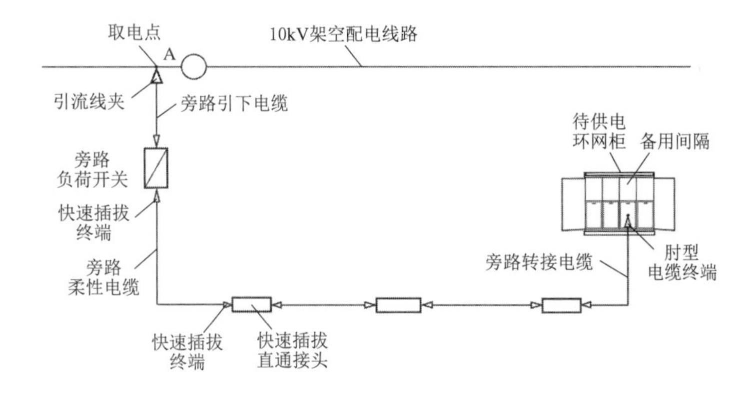

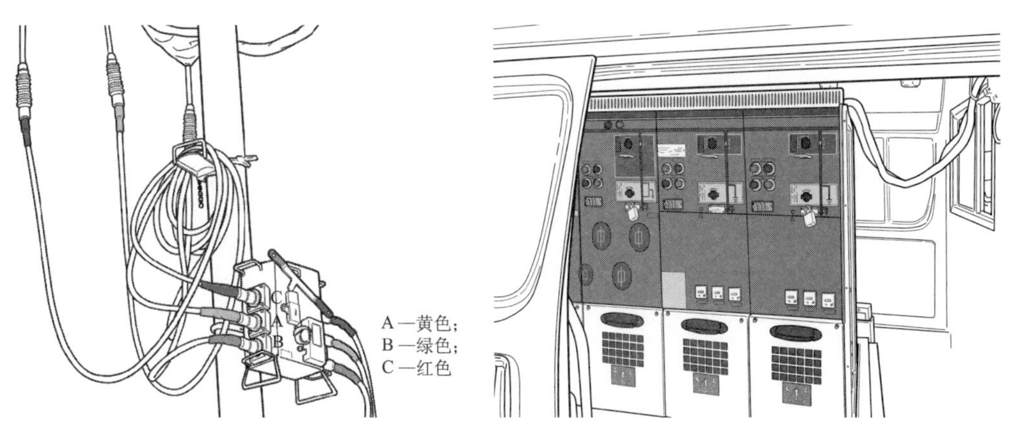

图4-20 从架空线路临时取电给环网柜供电

【技能描述】

（1）操作人员执行《配电倒闸操作票》，按照“先断负荷侧，后断电源侧”的原则，先断开待供电环网柜（受电侧）备用间隔开关再断开旁路负荷开关，临时取电工作结束。

（2）高压旁路电缆回路退出运行后，应对全回路充分放电。

【注意事项】

（1）操作旁路设备时，操作人员应戴绝缘手套；拉合旁路负荷开关时，应使用绝缘操作杆。

（2）操作人员应严格执行工作许可制度、《配电倒闸操作票》制度和工作监护制度，严禁无票操作。

（3）操作时应两人进行，一人监护、一人操作，并严格执行唱票、复诵制。

（4）高压旁路电缆回路退出运行后应充分放电，避免因放电不充分导致的人员触电。

4.　环网柜临时取电

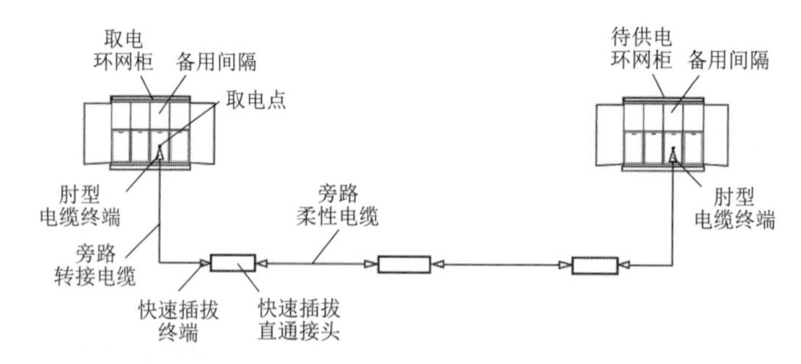

图4-21　从环网柜临时取电给环网柜供电

【技能描述】

（1）操作人员执行《配电倒闸操作票》，按照“先断负荷侧，后断电源侧”的原则，先断开（受电侧）待供电环网柜备用间隔开关，再断开（送电侧）取电环网柜备用间隔开关，临时取电工作结束。

（2）高压旁路电缆回路退出运行后，应对全回路充分放电。

【注意事项】

（1）操作旁路设备时，操作人员应戴好绝缘手套。

（2）操作人员应严格执行工作许可制度，严格执行《配电倒闸操作票》制度和工作监护制度，严禁无票操作。

（3）操作时应两人进行，一人监护、一人操作，并严格执行唱票、复诵制。

（4）高压旁路电缆回路退出运行后应充分放电，避免因放电不充分导致的人员触电。

4.2.1.4 中压发电系统退役

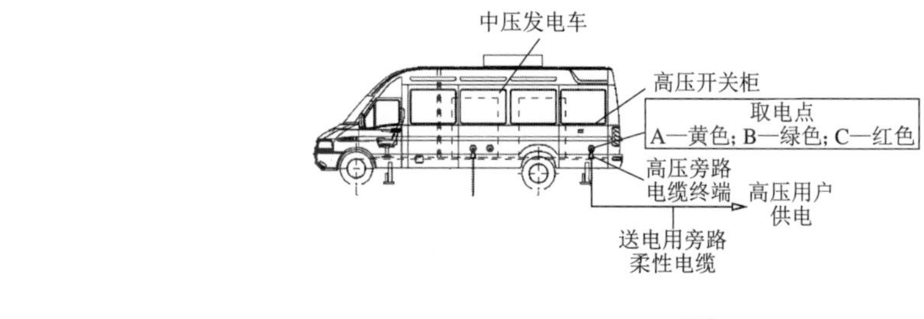

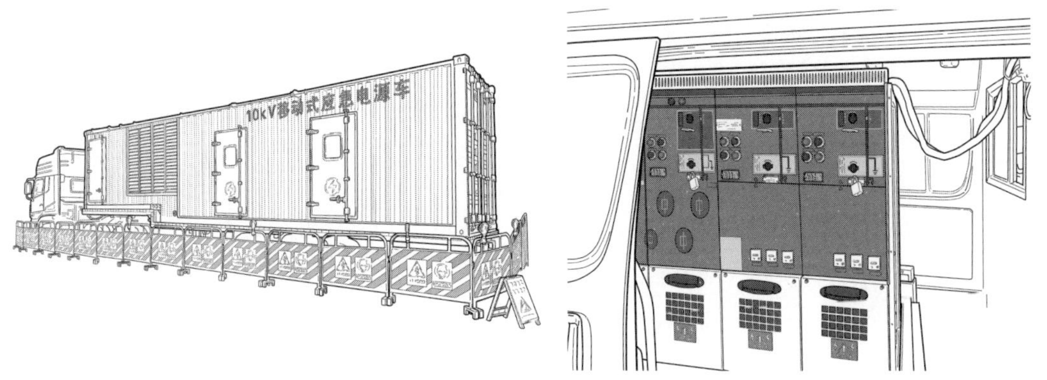

图4-22 中压发电车直接给高压用户供电

【技能描述】

（1）操作人员执行《配电倒闸操作票》，断开中压发电车的高压出线开关，中压发电车退出运行。

（2）高压旁路电缆回路退出运行后，应对全回路充分放电。

【注意事项】

（1）操作旁路设备时，操作人员应戴好绝缘手套。

（2）操作人员应严格执行工作许可制度、《配电倒闸操作票》制度和工作监护制度，严禁无票操作。

（3）操作时应两人进行，一人监护、一人操作，并严格执行唱票、复诵制。

（4）高压旁路电缆回路退出运行后应充分放电，避免因放电不充分导致的人员触电。

4.2.2　低压旁路系统退役

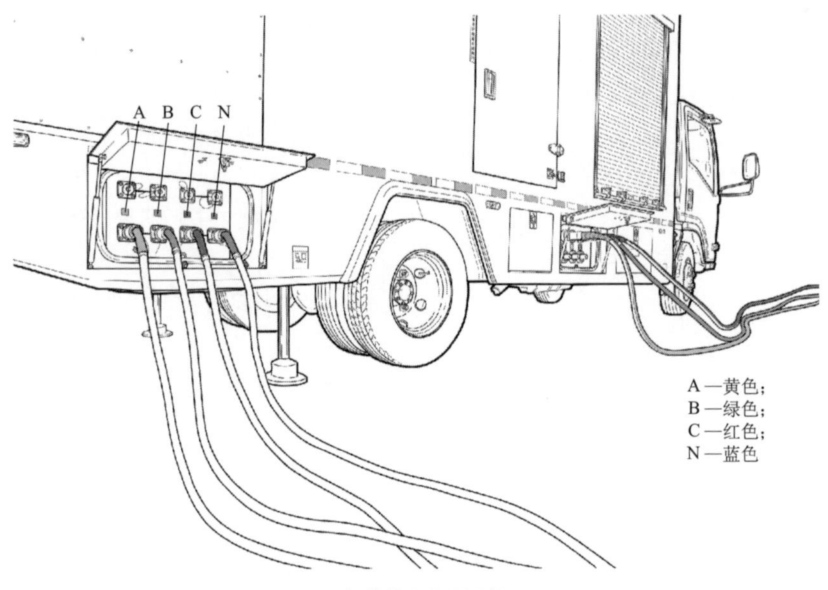

图4-23　负荷转移装置退役

【技能描述】

操作人员执行《配电倒闸操作票》，按照“先断负荷侧，后断电源侧”的原则，先断开受电侧（负荷侧）低压开关，再依次断开移动箱变车低压出线开关，变压器进线开关、高压进线开关，移动箱变车退出运行。

【注意事项】

（1）操作旁路设备时，操作人员应戴好绝缘手套。

（2）操作人员应严格执行工作许可制度、《配电倒闸操作票》制度和工作监护制度，严禁无票操作。

（3）操作时应两人进行，一人监护、一人操作，并严格执行唱票、复诵制。

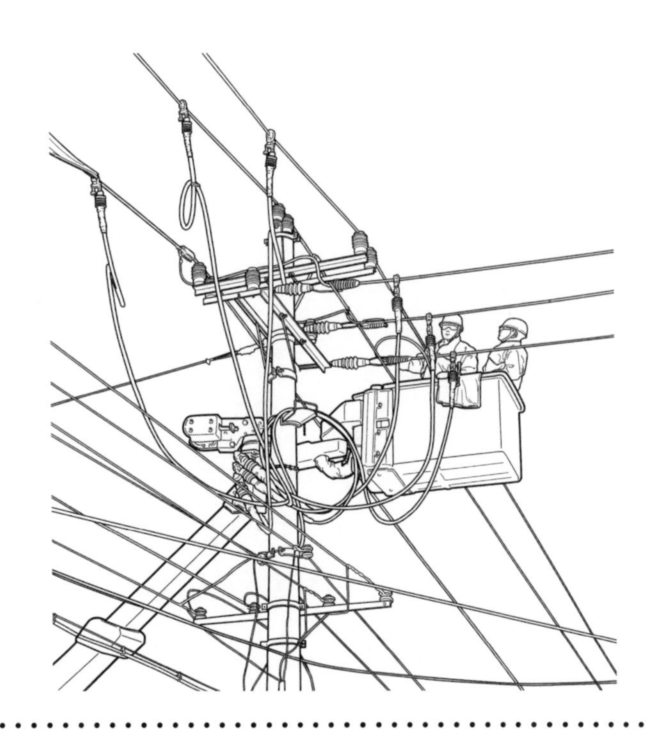

第 5 章

旁路作业典型项目

5.1　架空线路旁路作业

5.1.1　旁路作业（架空敷设）检修架空线路

1.　安装旁路开关

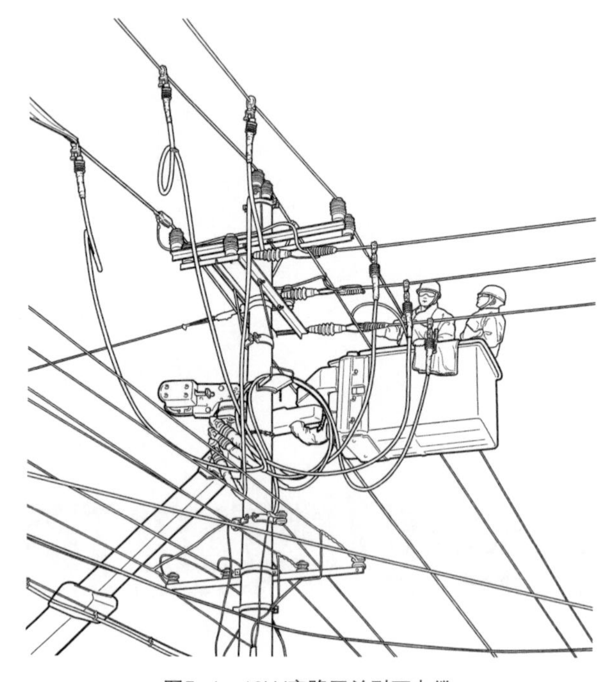

图5-1　10kV旁路开关引下电缆

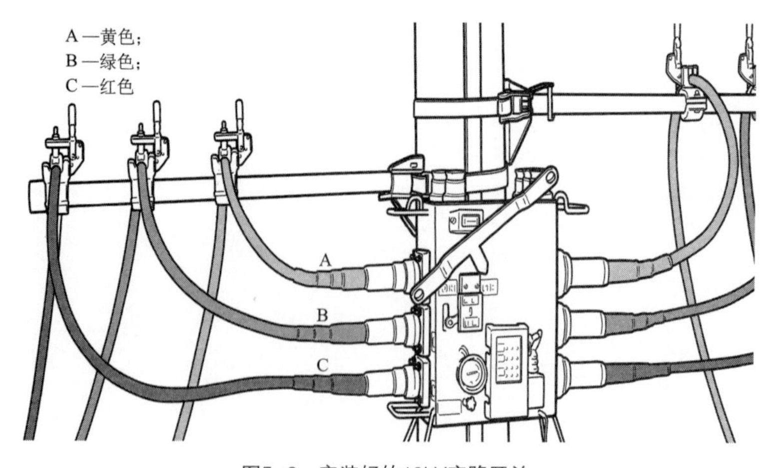

图5-2　安装好的10kV旁路开关

【技能描述】

使用电流检测仪逐项检测待检修架空主导线上的电流，线路负荷电流不得大于200A。

【危险点】

负荷电流未检测或检测后未考虑1.2倍的阈值，负荷电流过大导致旁路设备过热损坏。

2. 安装旁路负荷开关和余缆支架

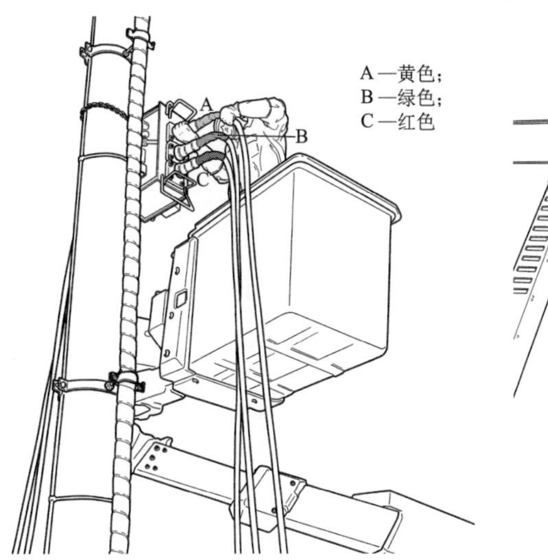

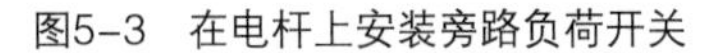
图5-3 在电杆上安装旁路负荷开关

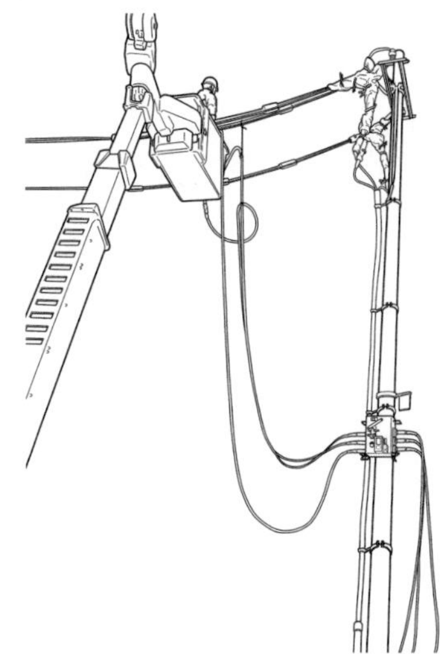

图5-4 安装旁路开关引下电缆

【技能描述】

（1）在旁路系统各终端（电源侧和负荷侧）电杆上分别安装旁路负荷开关和余缆支架，并确认旁路负荷开关处于“分”闸状态，将旁路负荷开关外壳接地。

（2）将旁路引下电缆按相色标记与旁路负荷开关可靠连接，多余的旁路引下电缆挂接在余缆支架上，系好起吊绳和防坠绳。

（3）确认电源侧和负荷侧旁路负荷开关处于断开位置，并锁死保险环，斗内电工将工作斗调整至带电导线横担下方适当位置，验明线路有电且设备无漏电现象后，对作业范围内不满足安全距离的带电体和接地体进行绝缘遮蔽。

【危险点】

（1）旁路电缆充电后未充分放电，造成电击。

（2）旁路柔性电缆相位连接错误，导致相间短路。

（3）旁路引下电缆接续不牢，导致运行中脱落。

（4）作业过程中人体与带电体之间的安全距离不足或遮蔽不严，导致触电。

3. 旁路系统投入运行

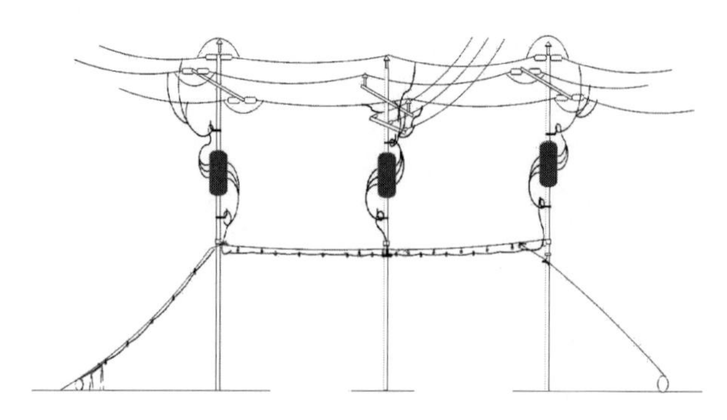

图5-5　旁路系统投入运行

【技能描述】

（1）合上电源侧旁路负荷开关，并锁死保险环。

（2）在负荷侧（有分支线旁路时，先主线后分支线）旁路负荷开关处核相，确认相位无误，合上负荷侧旁路负荷开关，并锁死保险环。

（3）用电流检测仪检测高压引下电缆的电流，确认通流正常（分流电流应不小于原线路负荷电流的1/3）。

【危险点】

旁路负荷开关分闸机构未可靠闭锁，作业过程中意外分闸。

4. 架空线路退出运行

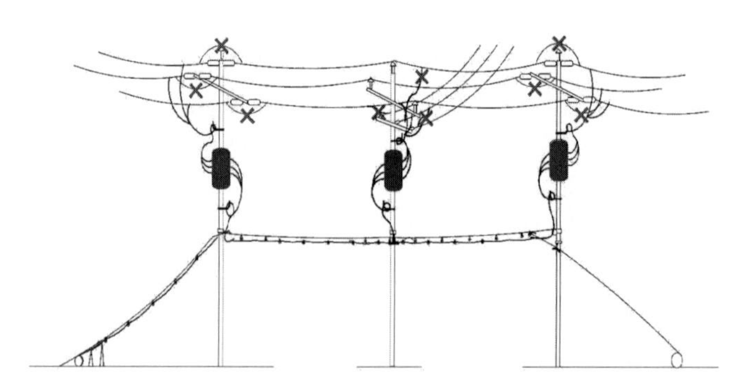

图5-6　待检修架空线路退出运行

【技能描述】

（1）斗内电工断开负荷侧及分支线三相耐张引线，并恢复绝缘遮蔽。

（2）斗内电工断开电源侧三相耐张引线，并恢复绝缘遮蔽。

（3）用电流检测仪检测旁路高压引下电缆电流，确认通流正常。

（4）线路检修班检修架空线路。

【危险点】

（1）断开耐张引线时摆动幅度过大，导致接地或短路。

（2）耐张引线等处的绝缘遮蔽不良，导致人员触电、短路或者接地。

5. 检修完毕后投入运行

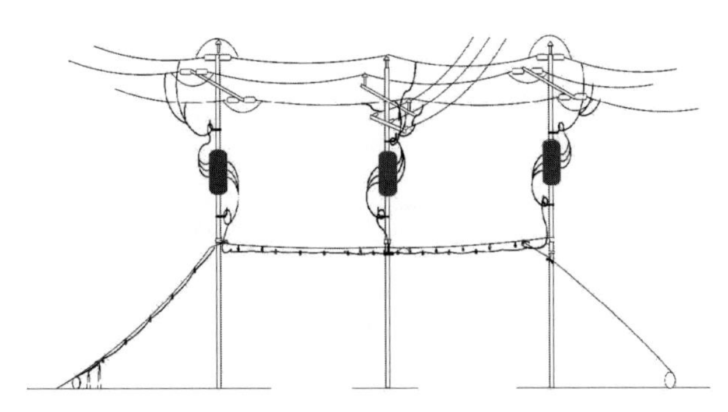

图5-7 线路检修完毕后投入运行

【技能描述】

（1）架空线路检修完毕，按照“原拆原搭”的原则依次将电源侧和负荷侧电杆上三相耐张引线可靠连接。

（2）使用电流检测仪检测线路电流，确认通流正常。

（3）按照“先断负荷侧、后断电源侧”的原则，依次断开旁路系统各终端（负荷侧和电源侧）旁路负荷开关，拆除负荷侧和电源侧各旁路开关高压引下电缆。

（4）合上各旁路开关，对全线路旁路电缆进行充分放电。

【危险点】

（1）耐张引线搭接时摆动幅度过大，导致接地或短路。

（2）耐张引线等处的绝缘遮蔽不良，导致人员触电、短路或者接地。

（3）旁路电缆充电后未充分放电，造成电击。

（4）作业过程中操作不当，工器具材料掉落，伤及地面人员。

5.1.2　从架空线路临时取电给移动箱变车供电

1.　展放旁路电缆

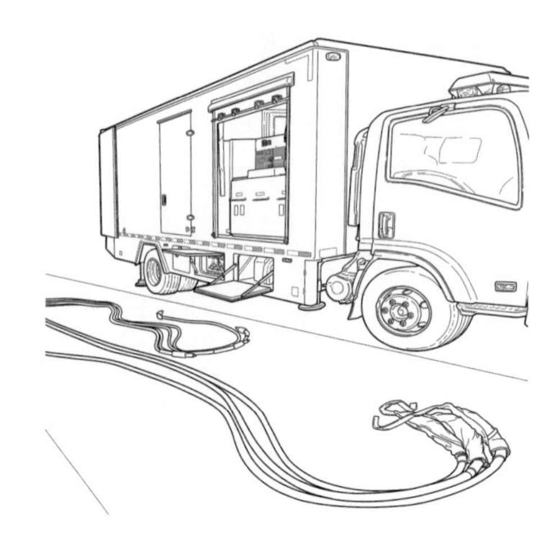

图5-8　展放旁路电缆

【技能描述】

（1）将移动箱变车停放在合适位置，将移动箱变车及变压器中性点可靠接地。

（2）变压器中性点工作接地与移动箱变车的保护接地应保持25m以上的距离。

（3）地面敷设旁路电缆时，应避免旁路电缆与地面直接摩擦。

【危险点】

移动箱变车及变压器中性点未可靠接地，可能导致人员触电。

2.　检查开关

图5-9　检查并确认移动箱变车高压进线开关处于分开位置

【技能描述】

工作负责人检查并确认移动箱变车高压进线开关处于分闸位置，接地刀闸处于断开位置，并上锁。

【危险点】

操作人员操作时精力不中，会导致误操作。

3. 移动箱变车供电

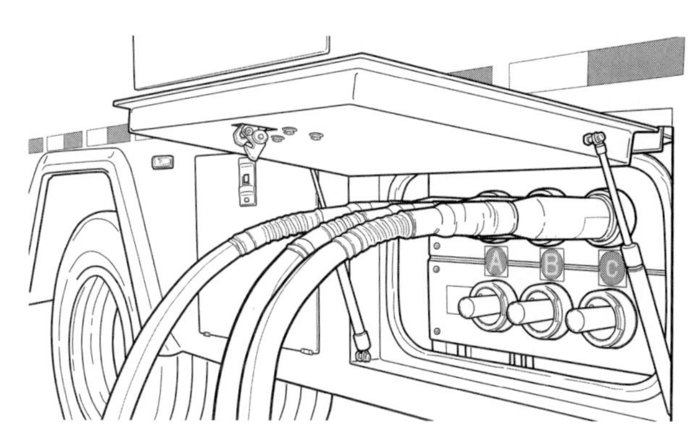

图5-10 从架空线路临时取电给移动箱变车供电

【技能描述】

（1）连接旁路电缆时，在旁路电缆连接器的绝缘表面涂抹硅脂，连接好后，应将连接器闭锁。

（2）必要时可将连接器端部用绝缘支架垫高，防止连接器端部受机械应力过大。

【危险点】

（1）连接器未可靠闭锁，运行中脱落导致人员触电、设备接地短路事故。

（2）连接器端部受力过大导致电缆头损坏。

4. 绝缘遮蔽

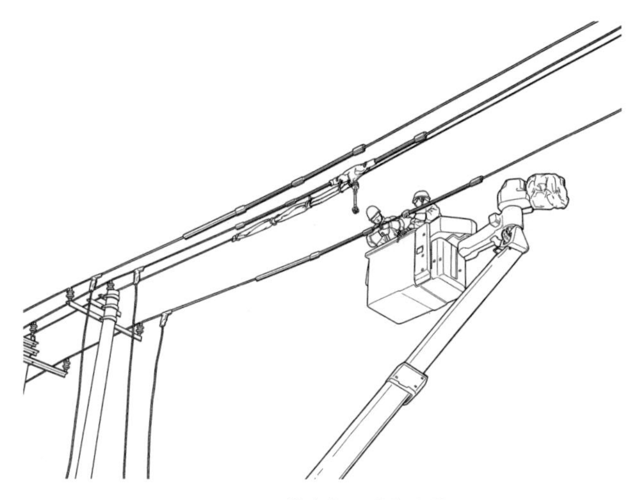

图5-11 带电作业绝缘遮蔽

【技能描述】

（1）斗内作业人员穿戴好个人防护用具，进入绝缘斗，挂好安全带，操作斗臂车至合适位置。

（2）按照由近及远，先下后上的原则，对作业范围内的带电体及接地体进行有效绝缘遮蔽。

【危险点】

（1）作业中人体与带电体、接地体的安全距离不足、遮蔽不严，导致触电。

（2）作业过程中操作不当，工器具、材料掉落，造成地面人员受伤。

5. 安装电缆

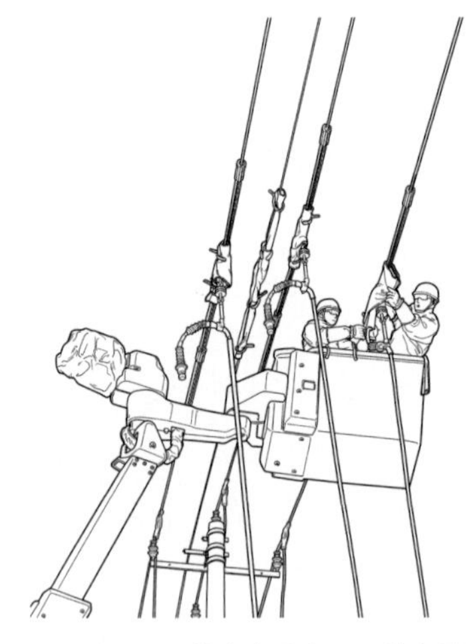

图5-12　带电安装高压柔性电缆

【技能描述】

（1）确认移动箱变车高压进线开关，接地刀闸处于断开位置。

（2）作业人员将移动箱变车高压侧电缆按照核准的相位连接至架空导线上。

【注意事项】

（1）应确认旁路设备空载，避免带负荷或带接地接引线。

（2）当搭接的旁路电缆长度小于50m时，可直接断接，否则应加装旁路负荷开关进行分段。

6. 检查低压开关

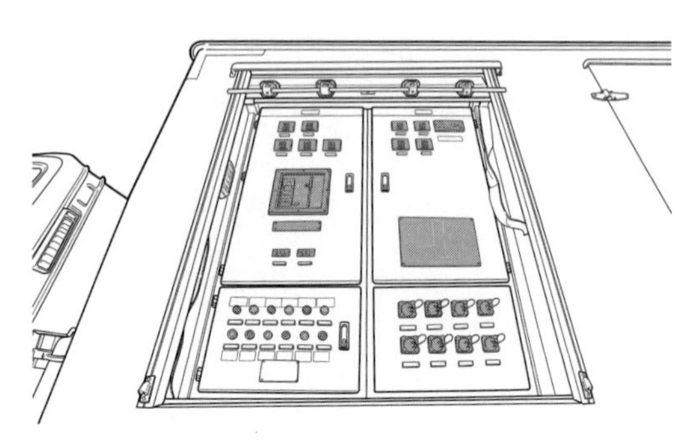

图5-13　检查移动箱变车低压开关

【技能描述】

操作人员执行《配电倒闸操作票》，确认（低压侧）出线开关、（受电侧）处于断开位置。

【注意事项】

操作人员应严格执行工作许可制度、《配电倒闸操作票》制度和工作监护制度，严禁无票操作。

7. 操作高压开关

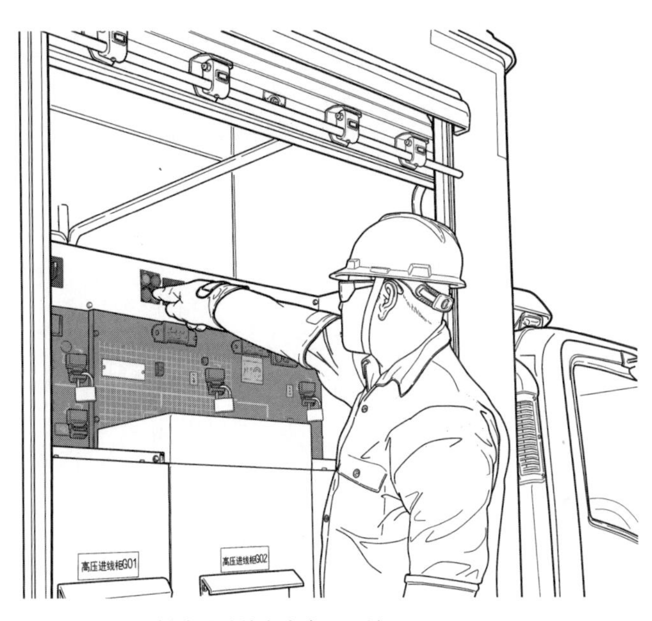

图5-14 操作移动箱变车高压开关

【技能描述】

（1）操作人员执行《配电倒闸操作票》，确认箱变车高压进线开关、变压器进线开关处于断开状态。

（2）按照“先送电源侧，后送负荷侧”的原则，合上箱变车高压进线开关、变压器进线开关，完成箱变车临时取电工作。

【注意事项】

（1）操作旁路设备，操作人员应戴绝缘手套进行。

（2）操作时应两人进行，一人监护、一人操作，并严格执行唱票、复诵制。

5.1.3　旁路作业（低压发电车）更换柱上变压器

1.　搭接低压电缆

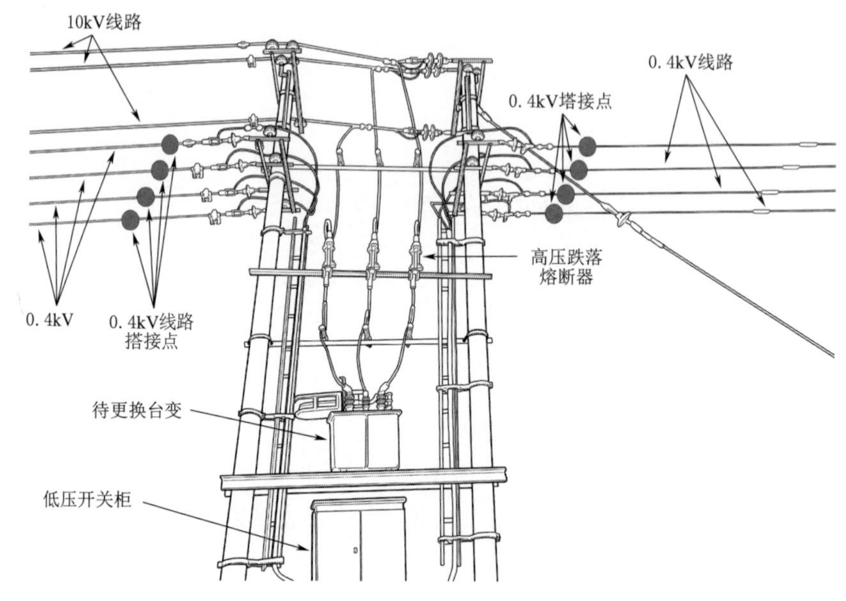

图5-15　10kV柱上变压器

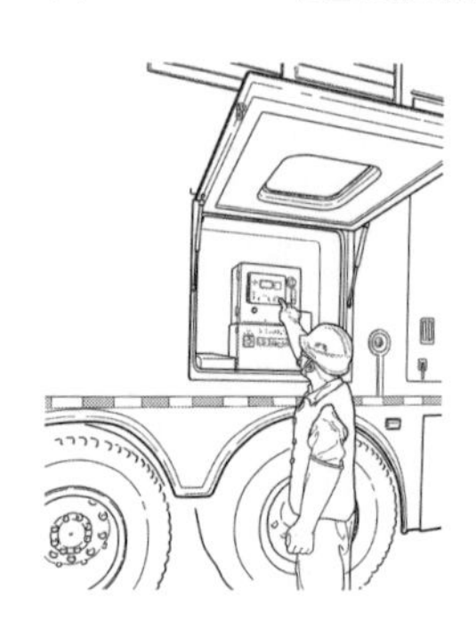

图5-16　发电车同期接入

【技能描述】

（1）采用低压带电作业的方式搭接低压电缆，搭接前确认发电车出线开关处于断开位置，核对相序无误后再逐相搭接。

（2）启动发电系统，通过PCC控制器自动调整好发电车的电压和频率，完成发电车同期并列运行，并列正常后逐步调整发电车输出功率至额定负荷运行。

（3）发电车运行正常后，测量变压器后段负荷，将发电车输出功率调整至后段负荷值相匹配，断开待更换变压器低压开关，由发电车独立转供线路负荷。

【危险点】

（1）相位连接错误，导致相间短路。

（2）搭接过程中人体与带电体之间安全距离不足或遮蔽不严，导致触电。

（3）发电车启动时低压开关处于合闸位置，导致发电车不同期接入，设备损坏。

2. 拆除熔断器引线

图5-17 拆除熔断器引线

【技能描述】

（1）断开柱上变压器高压侧跌落熔断器。

（2）带电拆除熔断器高、低压侧引线，并做好绝缘遮蔽。

（3）完成工作交接，由施工人员完成变压器更换。

【危险点】

（1）作业过程中人体与带电体之间安全距离不足或绝缘遮蔽不严，导致触电。

（2）作业过程中操作不当，工器具、材料掉落，伤及地面人员。

3. 搭接高、低压引线

图5-18 带电搭接高、低压引线

【技能描述】

（1）确认新装柱上变压器高压侧跌落式熔断器、低压侧出线开关均在断开位置。

（2）先搭接低压开关引线，再搭接高压侧跌落式熔断器上引线。

【危险点】

（1）作业过程中人体与带电体之间安全距离不足或绝缘遮蔽不严，导致触电。

（2）变压器安装与原相位不一致，造成设备损坏。

4. 发电车退出运行

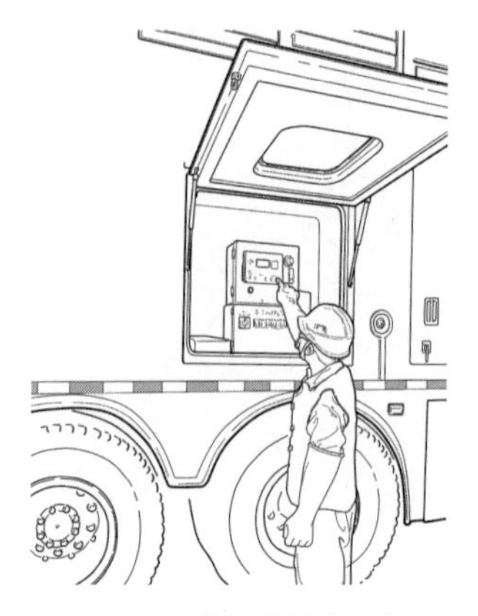

图5-19 发电车退出运行

【技能描述】

（1）在变压器低压开关上下桩头核对相序，合上柱上变压器高压侧跌落式熔断器。

（2）负荷转供完成，发电车具备同期并列条件时，合上新装柱上变压器低压开关，完成发电车同期并列，并列正常后逐步调整发电车输出功率至零，控制发电车输出断路器断开，发电车退出运行。

（3）拆除低压电缆，最后拆除遮蔽，完成作业。

【危险点】

变压器安装与原相位不一致，造成设备损坏。

5.2 电缆线路旁路作业

5.2.1 旁路作业（不停电）检修电缆线路

5.2.1.1 检修架空导线之间跨越电缆

1. 检修电缆回路负荷电流

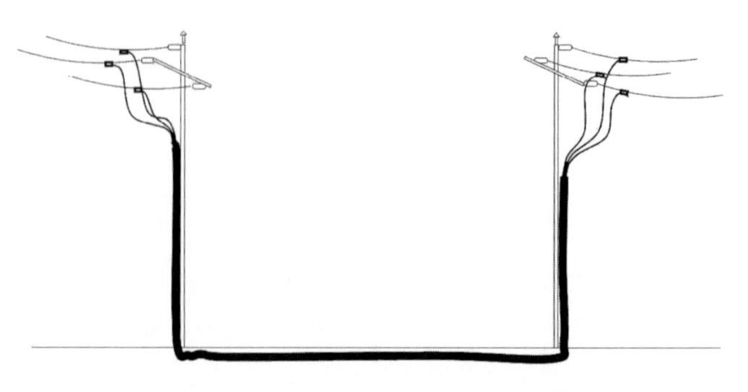

图5-20 检修架空导线之间跨越电缆

【技能描述】

使用电流检测仪逐相检测待检修电缆回路负荷电流，线路负荷电流不得大于旁路系统额定允许电流。

【危险点】

负荷电流未检测或检测后未考虑1.2倍的阈值，负荷电流过大导致旁路系统过热烧坏。

2.　旁路电缆接续

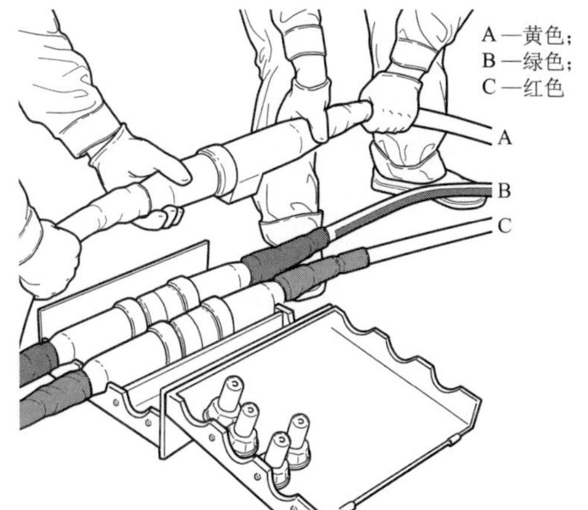

图5-21　10kV旁路电缆中间对接

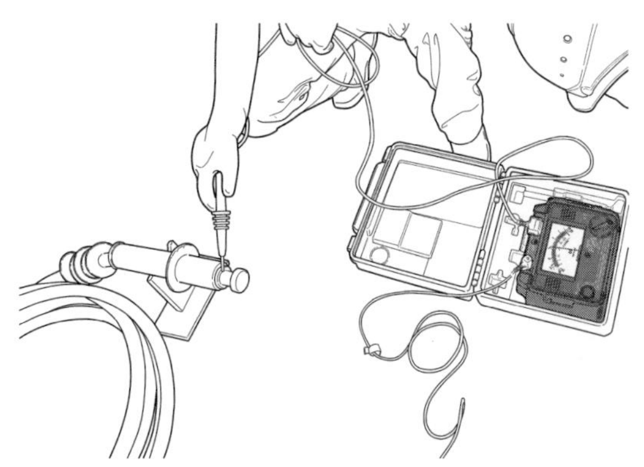

图5-22　旁路系统绝缘摇测及核相

【技能描述】

（1）在旁路电缆敷设过程中，安排专责人员按照规定的程序，负责旁路电缆的接续工作（应按旁路电缆事先标示的相位色正确连接）。

（2）旁路电缆敷设、接续完成后，现场负责人指定专责人员使用绝缘检测仪，对敷设好的旁路电缆全线路绝缘遥测并逐相进行相位检测确认，确保三相旁路电缆相色连接无误。

【危险点】

（1）旁路电缆敷设时造成破损，造成电缆试验不合格。

（2）旁路电缆经过路口未采取防护措施，造成电缆被车辆压伤。

（3）旁路电缆相位连接错误，导致相间短路。

（4）对旁路电缆全线路绝缘遥测后未进行充分放电，造成电击。

3. 安装旁路负荷开关

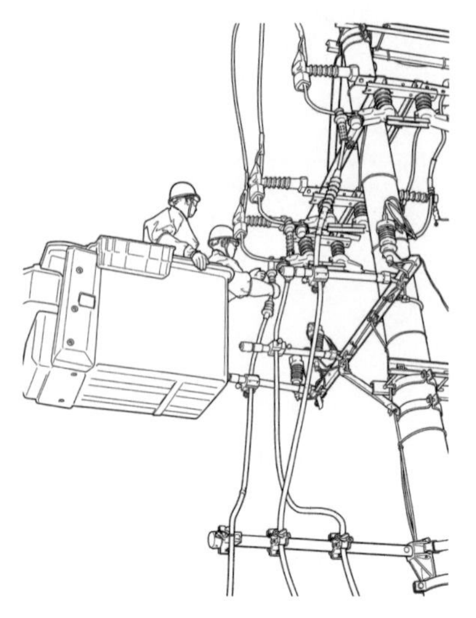

图5-23　旁路电缆带电接入架空线路

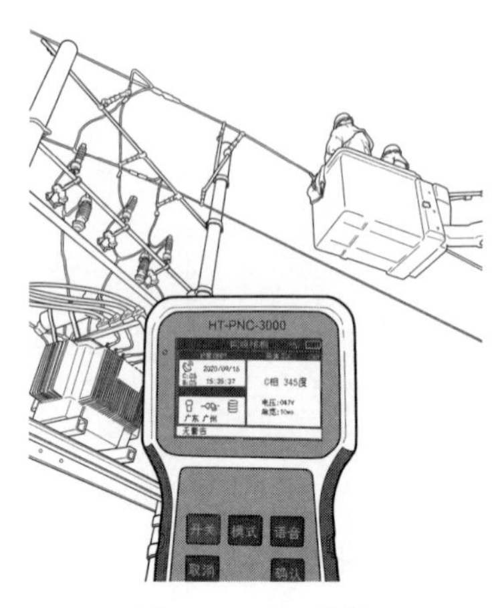

图5-24　高压核相

【技能描述】

（1）在电源侧电杆上安装旁路负荷开关，旁路负荷开关外壳应可靠接地。将旁路电缆固定在绝缘支撑杆上，并按正确相位与旁路负荷开关可靠连接。

（2）使用高压无线核相仪，在两侧架空导线进行高压核相，并做好标识。

（3）确认电源侧旁路负荷开关处于断开位置并锁死保险环，将旁路系统两端接头按照相位标示与架空线路可靠连接。

（4）合上旁路负荷开关，使用电流检测仪逐相检测旁路电缆回路负荷电流，确认通流正常，旁路系统投入运行。

【危险点】

（1）旁路开关安装不牢固，旁路电缆固定不牢固，导致运行中脱落。

（2）旁路系统绝缘遥测后未充分放电，造成电击。

（3）操作失误造成人身触电。

4. 跨越电缆退出运行

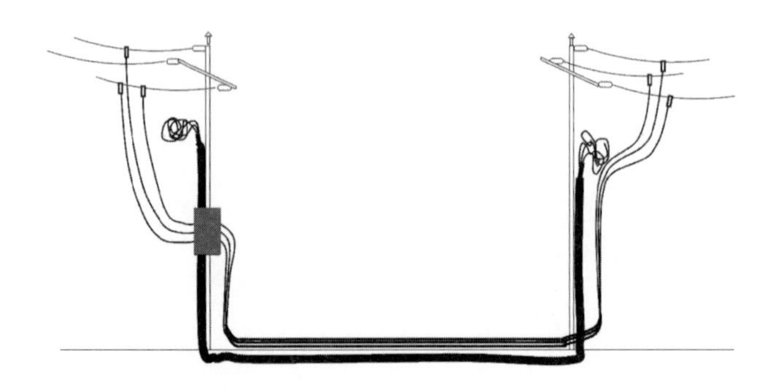

图5-25　待检修跨越电缆退出运行

【技能描述】

（1）断开负荷侧三相电缆引线。

（2）断开电源侧三相电缆引线。

（3）线路检修班检修电缆线路。

（4）跨越电缆线路检修完毕，依次将电源侧和负荷侧电杆上三相电缆引线按原相位可靠连接至架空导线。

（5）使用电流检测仪检测已检修完毕的电缆线路电流，确认通流正常，电缆线路投入运行。

（6）拉开旁路负荷开关，分别断开旁路系统两端与架空线路连接的旁路引下电缆，旁路系统退出运行。

（7）合上旁路负荷开关，对旁路系统全线路充分放电后拆除旁路系统。

【危险点】

（1）拆除电缆引线时，一端拆开，另一端仍连通，拆开端的裸露部分带电，导致相间或对地短路。

（2）带电作业时绝缘遮蔽不良，导致人员触电。

（3）旁路系统退运后未充分放电，造成电击。

5.2.1.2 检修架空导线至高压环网柜之间电缆

1. 检修电缆上电流

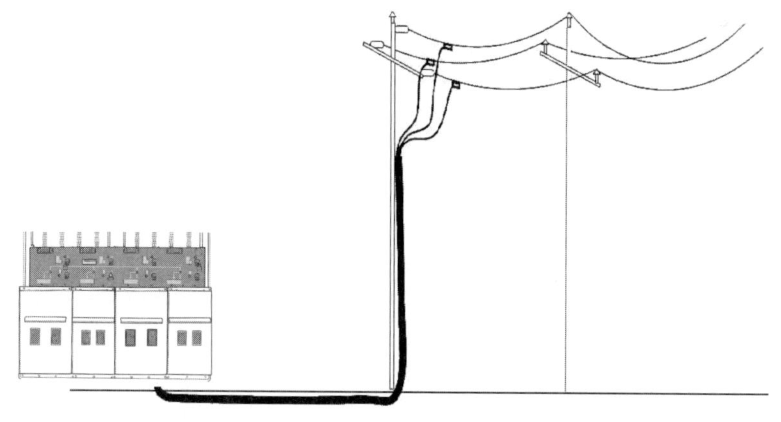

图5-26 检修架空导线至高压环网柜之间电缆

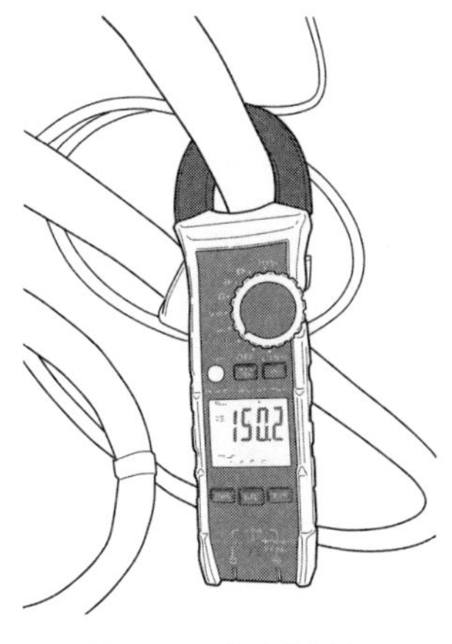

图5-27 电流检测仪

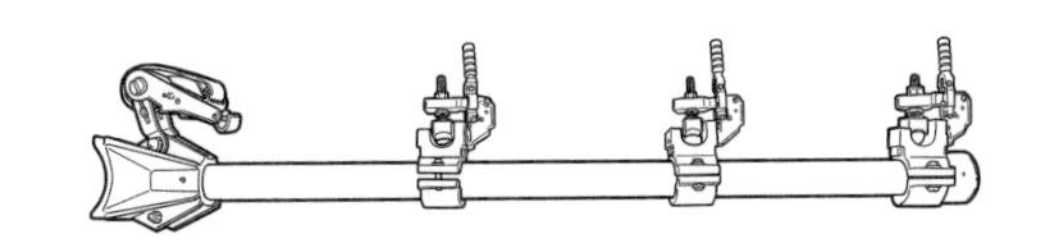

图5-28 绝缘支撑杆

【技能描述】

使用电流检测仪逐项检测待检修电缆上电流，线路负荷电流不得大于旁路系统额定允许电流。

【危险点】

负荷电流未检测或检测后未考虑1.2倍的阈值，负荷电流过大导致旁路系统过热烧坏。

2. 安装旁路负荷开关

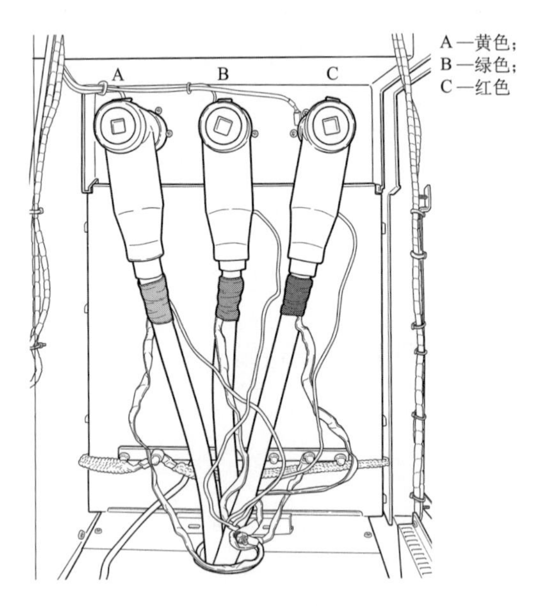

图5-29　10kV旁路转接电缆接入高压备用间隔

【技能描述】

（1）在电杆上安装旁路负荷开关。将旁路电缆固定在绝缘支撑杆上，并按正确相位与旁路负荷开关可靠连接。

（2）旁路电缆敷设、接续完成后，现场负责人指定专责人员使用绝缘检测仪，对敷设好的旁路电缆全线路绝缘遥测并逐相进行相位检测确认，确保三相旁路电缆相色连接无误。

（3）合上旁路负荷开关，对旁路系统全线路充分放电。

（4）拉开旁路负荷开关并锁死保险环。

（5）使用高压核相仪对高压环网柜进行高压核相。

（6）确认受电侧高压备用间隔开关在分闸位置，接地刀闸在合闸位置。

（7）将旁路系统电缆转接头按正确相位接入受电侧环网柜高压备用间隔。

【危险点】

（1）旁路开关安装不牢固，旁路电缆固定不牢固，导致运行中脱落。

（2）未进行高压核相，旁路电缆相位连接错误，导致相间短路。

（3）旁路负荷开关未拉开，高压备用间隔接地刀闸未断开，旁路系统接入架空导线后，造成对地短路。

（4）旁路系统绝缘遥测后未充分放电，造成电击。

3. 二次核相

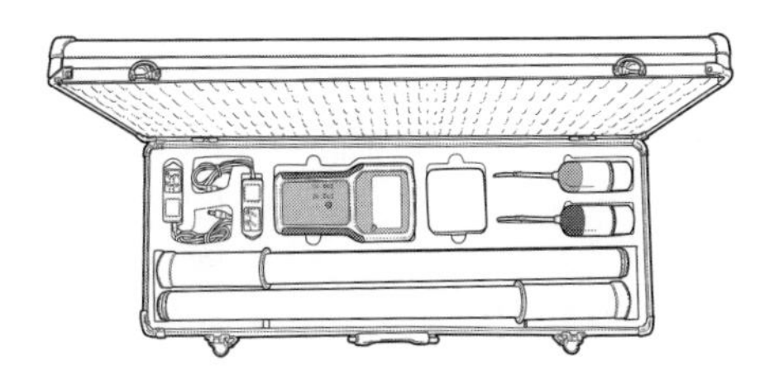

图5-30 10kV高压核相仪

【技能描述】

（1）合上旁路开关并锁死保险环。

（2）在受电侧环网柜高压备用间隔开关处二次核相，确定相位正确。

（3）合上受电侧环网柜高压备用间隔开关。

（4）使用电流检测仪检测旁路电缆，确定通流正常。

（5）将待检修电缆退出运行，进行检修。

【危险点】

（1）操作人员操作失误。

（2）核相错误，造成相间短路。

（3）送电时，未将受电侧高压备用间隔接地刀闸断开，造成对地短路。

（4）退出运行的电缆未充分放电，造成电击。

4. 接入环网柜高压备用间隔

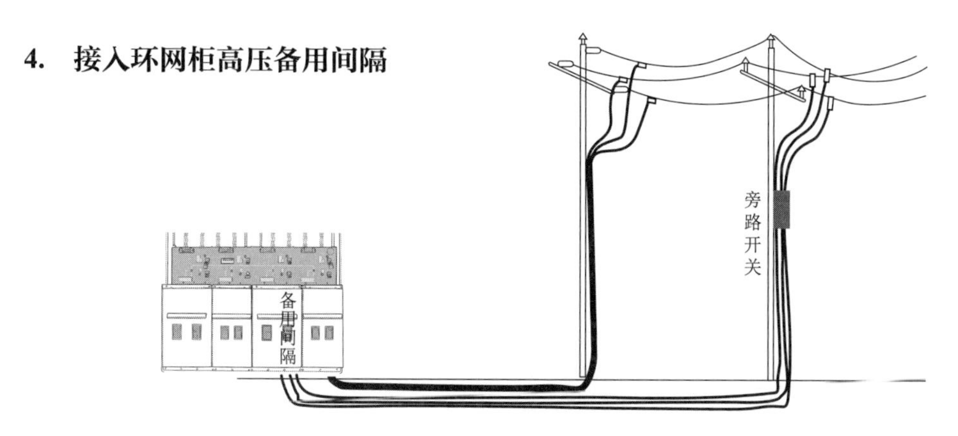

图5-31 旁路系统接入环网柜高压备用间隔

【技能描述】

（1）将检修完的电缆按原相位接入到架空导线及高压环网柜，恢复市电供电。

（2）使用电流检测仪逐项检测检修完电缆线路的负荷电流，确认检修电缆通流正常。

（3）断开受电侧环网柜高压备用间隔开关。

（4）断开旁路负荷开关并锁死保险环。

（5）带电拆除高压旁路电缆引下线。

（6）合上高压旁路负荷开关，合上受电侧高压备用间隔接地刀闸，对旁路系统放电，拆除回收旁路系统。

【危险点】

（1）检修后的电缆，未按正确相位接入，导致相间短路。

（2）检修后的电缆接入不牢固，造成接头发热。

（3）未拆除高压旁路电缆引下线时合上高压备用间隔接地刀闸，造成对地短路。

（4）旁路电缆未充分放电，造成电击。

5.2.1.3　检修高压环网柜之间电缆

1.　检修电缆负荷电流

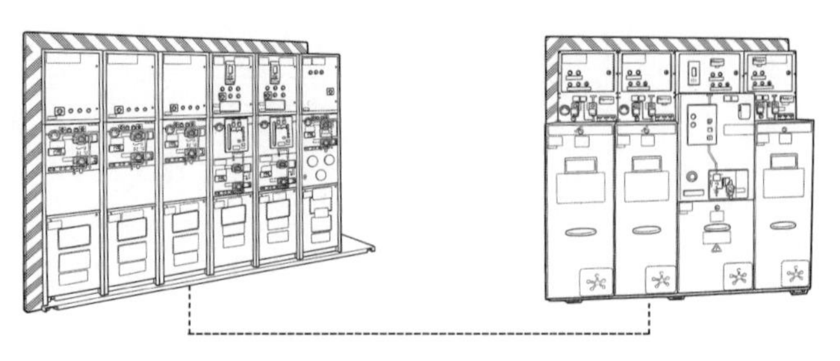

图5-32　检修高压环网柜之间的电缆线路

【技能描述】

确认待检修电缆负荷电流不大于旁路系统额定允许电流。

【危险点】

负荷电流过大导致旁路系统过热烧坏。

2.　环网柜高压核相

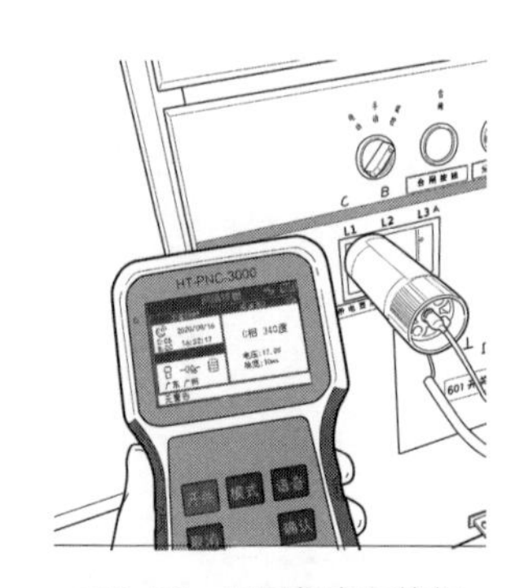

图5-33　环网柜高压核相

【技能描述】

（1）使用高压核相仪对供电侧及受电侧高压环网柜进行高压核相。

（2）确认供电侧及受电侧高压备用间隔开关在分闸位置，接地刀闸在合闸位置。

（3）旁路电缆敷设、接续完成后，现场负责人指定专责人员使用绝缘检测仪，对敷设好的旁路电缆全线路绝缘遥测并逐相进行相位检测确认，确保三相旁路电缆相色连接无误。

（4）对旁路系统全线路充分放电。

（5）将高压旁路转接电缆两端按正确相位接入至两侧高压备用间隔。

【危险点】

（1）旁路电缆相位连接错误，导致相间短路；

（2）安装电缆接头时，高压备用间隔开关未分开，接地刀闸未合上，造成人身触电。

（3）旁路电缆未充分放电，造成电击。

3.　断开刀闸

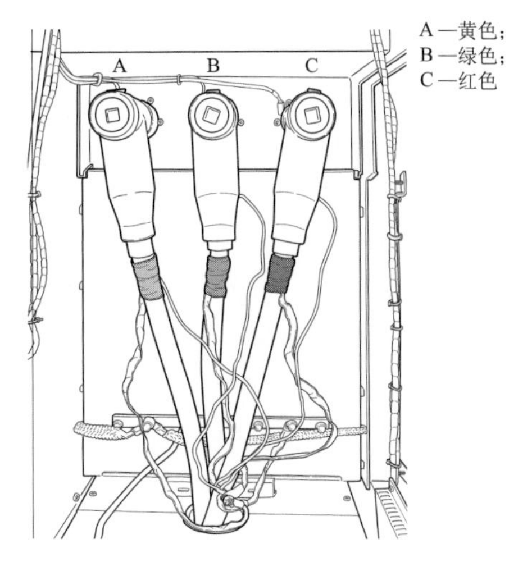

图5-34　高压旁路转接电缆接入高压备用间隔

【技能描述】

（1）断开受电侧高压备用间隔接地刀闸，确认开关在分闸位置。

（2）断开供电侧高压备用间隔接地刀闸，合上备用间隔开关。

（3）在受电侧高压备用间隔开关处二次核相，确定相位正确。

（4）合上受电侧高压备用间隔开关。

（5）使用电流检测仪检测旁路电缆，确定通流正常。

（6）将检修电缆退出运行，进行检修。

【危险点】

（1）送电时，未将受电侧高压备用间隔接地刀闸断开，造成对地短路。

（2）未进行二次核相，旁路电缆接入相位错误，造成相间短路。

（3）旁路系统通流不正常，造成事故。

（4）退出运行的电缆未充分放电，造成电击。

4.　退出运行

图5-35　旁路系统退出运行

【技能描述】

（1）待检修电缆线路检修完毕后，按照核准的相位，分别接入两端环网柜对应间隔，合上供电侧环网柜电缆高压间隔开关。

（2）合上受电侧环网柜电缆高压间隔开关。

（3）断开受电侧环网柜高压备用间隔开关。

（4）断开供电侧环网柜高压备用间隔开关；并合上接地刀闸。

（5）合上受电侧环网柜电缆高压间隔开关、接地刀闸，对旁路系统全线路充分放电。

（6）拆除并回收旁路系统。

【危险点】

（1）操作错误，误合接地刀闸，造成对地短路。

（2）旁路电缆未充分放电，造成电击。

5.2.2　旁路作业（不停电）检修环网柜

1.　不停电检修环网柜

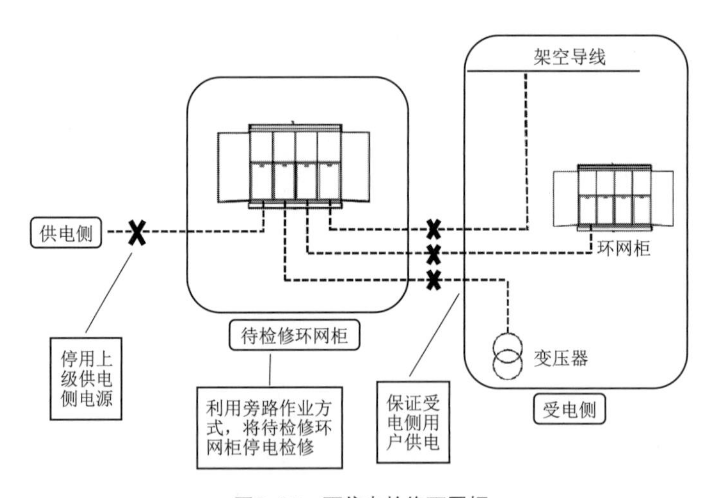

图5-36　不停电检修环网柜

【技能描述】

（1）旁路作业（不停电）检修环网柜，接线方式如上图所示，左侧为电源侧，向环网柜输入电源，右侧为负荷侧，由环网柜为其输入电源。常见的负荷侧的装置可分为架空导线、环网柜、变压器。

（2）停用待检修环网柜上级电源，使用旁路系统临时供电下级用户，将待检修环网柜旁路出来，不停电检修环网柜。

【危险点】

操作失误，导致用户停电、设备短路、接地或人员伤亡事故。

2. 架空导线或环网柜临时取电方式

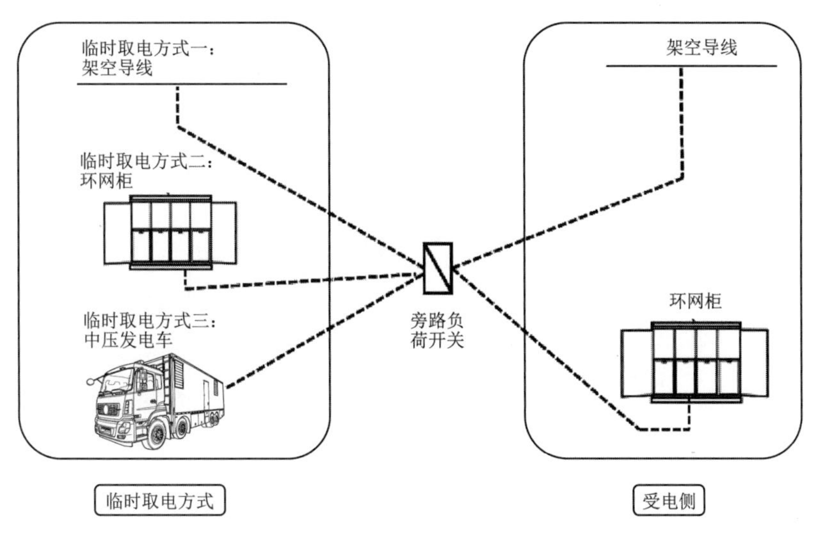

图5-37 负荷侧为架空导线或环网柜临时取电方式

【技能描述】

（1）临时取电点可就近选择架空导线、有备用间隔的环网柜或采用中压发电车。

（2）使用高压核相仪对负荷侧环网柜进行核相。

（3）旁路电缆敷设、接续完成后，现场负责人指定专责人员使用绝缘检测仪，对敷设好的旁路电缆全线路绝缘遥测并逐相进行相位检测确认，确保三相旁路电缆相色连接无误。

（4）对旁路系统全线路充分放电。

（5）断开负荷侧环网柜备用间隔负荷开关、断开旁路负荷开关。

（6）将旁路电缆转接头按正确相位安装至环网柜备用间隔。

（7）参考图5-37中三种不同取电方式进行旁路电缆电源侧接头的安装，确保安装牢固、相位正确。

（8）倒闸操作，将临时电源送电至负荷侧环网柜备用间隔，临时电源与原电源并列运行。

（9）倒闸操作，断开负荷侧环网柜高压进线间隔开关。负荷侧环网柜完全由临时电源供电。

【危险点】

（1）负荷电流未检测或检测后未考虑1.2倍的阈值，负荷电流过大导致旁路接头处过热烧坏。

（2）旁路系统绝缘遥测后未充分放电，造成电击。

（3）未进行高压核相，旁路电缆相位连接错误，导致短路。

（4）作业过程中人体与带电体之间的安全距离不足或遮蔽不严，导致触电。

（5）旁路电缆固定不牢固，造成电缆脱落。

（6）高压备用间隔电缆接入，未拉开负荷开关、合上接地刀闸，造成设备短路或人身触电。

3. 变压器临时取电方式

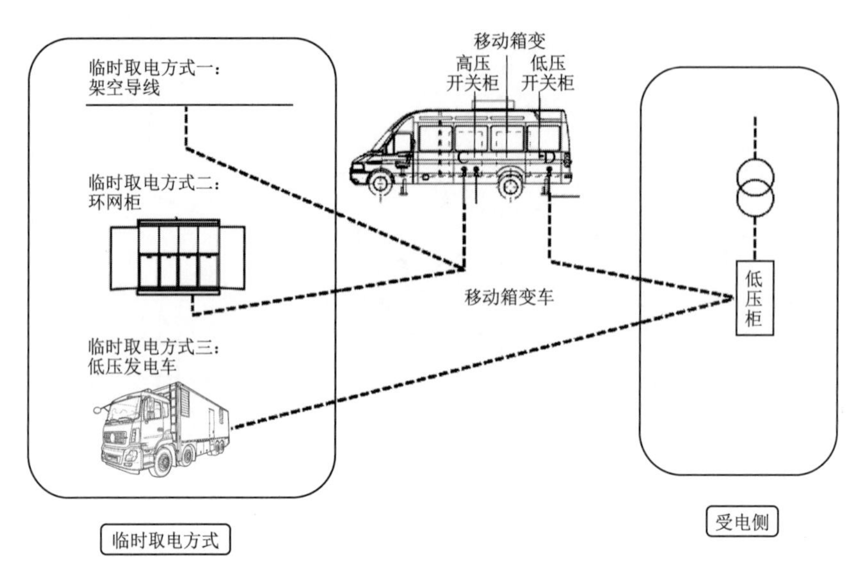

图5-38　负荷侧为变压器临时取电方式

【技能描述】

（1）确认受电侧变压器低压柜备用开关在分闸位置。

（2）将旁路系统低压侧输出接头接入至受电侧变压器低压柜备用开关下侧。

（3）倒闸操作，将移动箱变车（低压发电车）低压电源送电至受电侧变压器低压柜备用开关下侧。

（4）使用低压核相仪等仪器对备用开关两侧进行核相、测量电压差、频率等，确认相位无误，具备并网运行条件。

（5）合上低压柜备用开关，移动箱变车（低压发电车）与受电侧变压器并网运行。

（6）测量低压负荷电流数据正常，断开受电侧变压器低压总开关，停用受电侧变压器上级电源。

【危险点】

（1）操作人员操作失误，导致设备短路或人身伤害事故。

（2）作业时未确认两路低压电源满足并网运行条件，导致设备短路或人身伤害事故。

4. 不停电检修环网柜

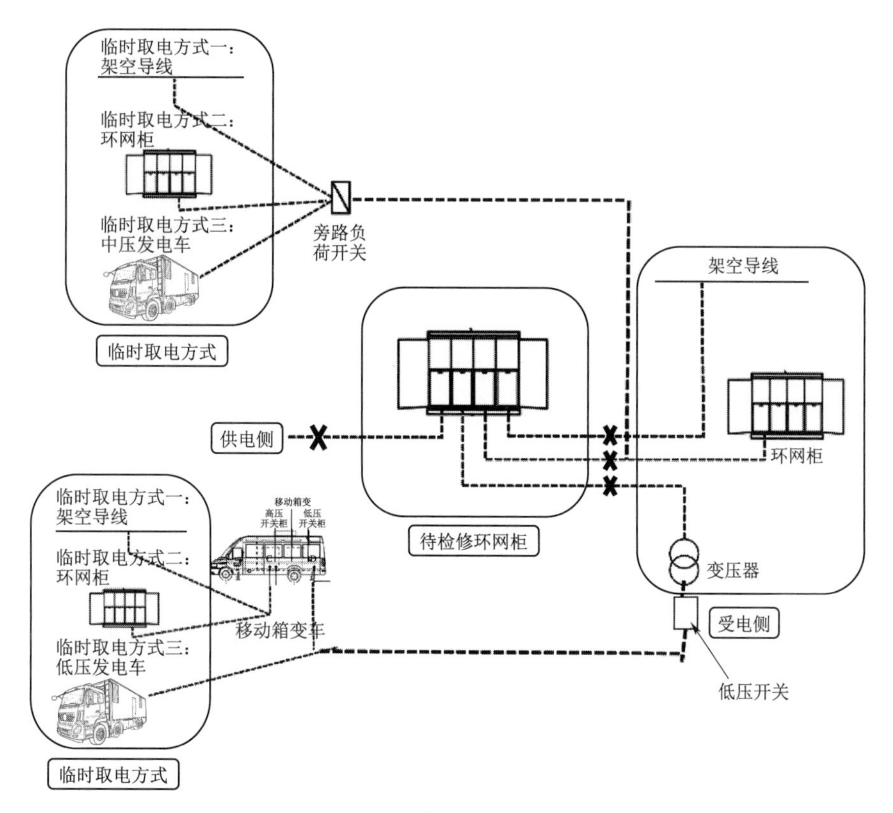

图5-39　不停电检修环网柜

【技能描述】

（1）环网柜检修完毕，确认符合送电条件且安装相位与之前一致。

（2）倒闸操作，断开环网柜接地点，合上检修点环网柜负荷侧设备开关（架空线的隔离开关、环网柜的负荷开关、变压器的低压总开关）。

（3）核相无误后，合上检修点环网柜电源侧负荷开关，送电至环网柜。

（4）确认环网柜通流正常，原电源与临时电源并列运行。

（5）倒闸操作，拉开旁路负荷开关，退出临时电源。

（6）对旁路系统进行充分放电，回收旁路系统。

【危险点】

（1）操作人员操作失误，导致设备短路或人身伤害事故。

（2）核相错误，造成相间短路或人身伤害事故。

（3）旁路电缆退运后未充分放电，造成电击。

5.2.3　旁路作业（短时停电）检修电缆线路、环网柜

1.　短时停电检修

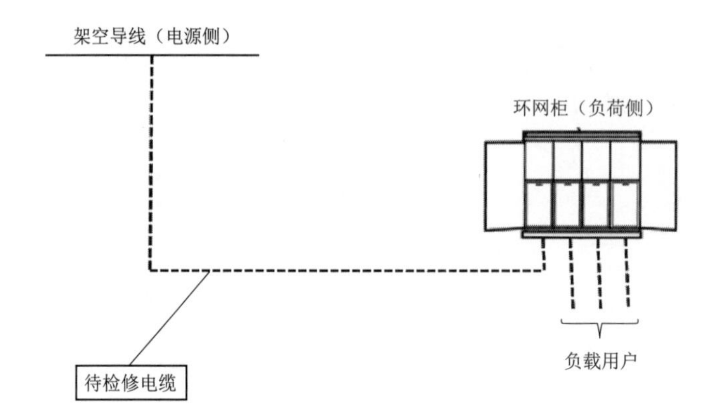

图5-40　架空线至环网柜（无备用间隔）

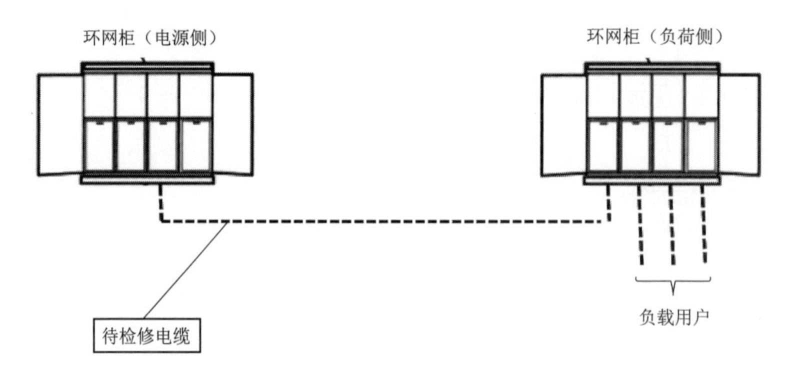

图5-41　环网柜至环网柜（无备用间隔）

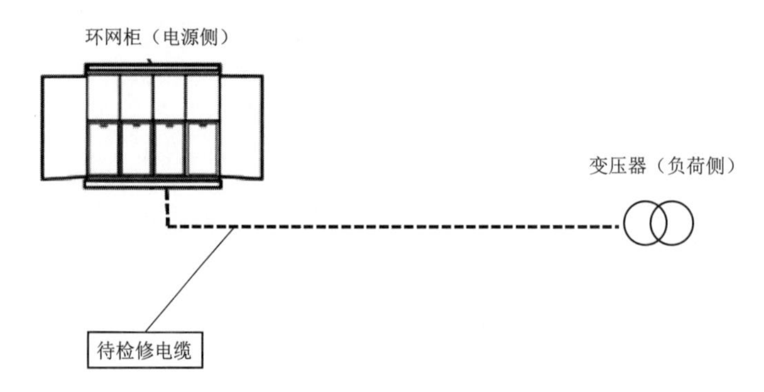

图5-42　环网柜至变压器母排

【技能描述】

（1）临时取电点可就近选择架空线路环网柜。

（2）检修电缆线路前，应仔细核对相位并做好标示。

（3）使用电流检测仪测量电缆线路负荷电流，确认具备旁路作业条件。

【危险点】

（1）负荷电流未检测或检测后未考虑1.2倍的阈值，负荷电流过大导致旁路设备过热烧坏。

（2）旁路系统绝缘遥测后未充分放电，造成人员触电。

（3）未进行高压核相，旁路电缆相位连接错误。

（4）作业过程中人体与带电体之间安全距离不足或遮蔽不严，导致人员触电。

（5）旁路电缆固定不牢固，造成电缆脱落。

（6）倒闸操作时，操作人员精力不集中，造成误操作。

2. 短时停电接入旁路电缆

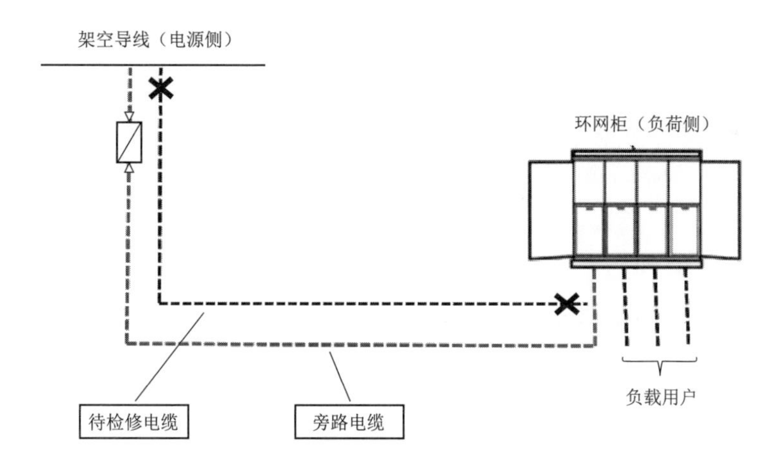

图5-43　短时停电检修架空导线至环网柜电缆

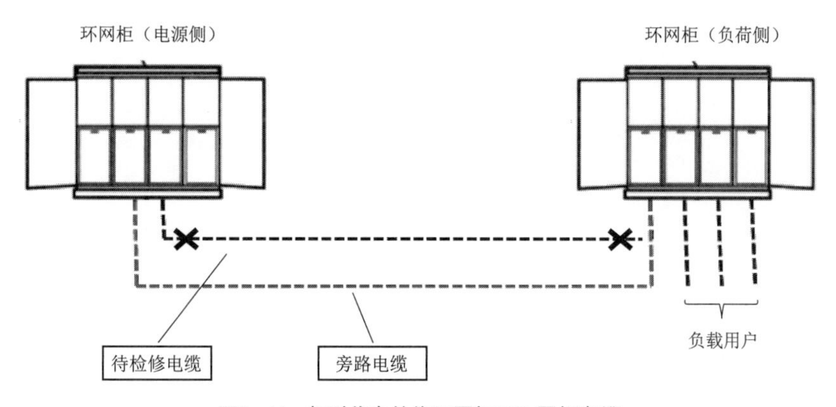

图5-44　短时停电检修环网柜至环网柜电缆

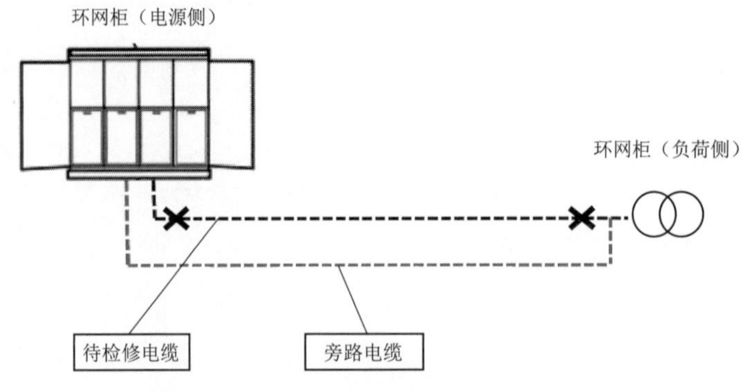

图5-45　短时停电检修环网柜至变压器母排电缆

【技能描述】

（1）架空导线至环网柜电缆，环网柜没有备用间隔，需要短时停电，先解开电缆负荷侧接头，再临时接入旁路电缆。

（2）环网柜至环网柜电缆，环网柜没有备用间隔，需要短时停电，先解开电缆负荷侧接头，再临时接入旁路电缆。

（3）环网柜至变压器母排电缆，需要短时停电，先解开电缆负荷侧接头，再临时将旁路电缆接入至变压器高压侧。

【危险点】

操作人员操作失误。

3.　短时停电接入旁路系统

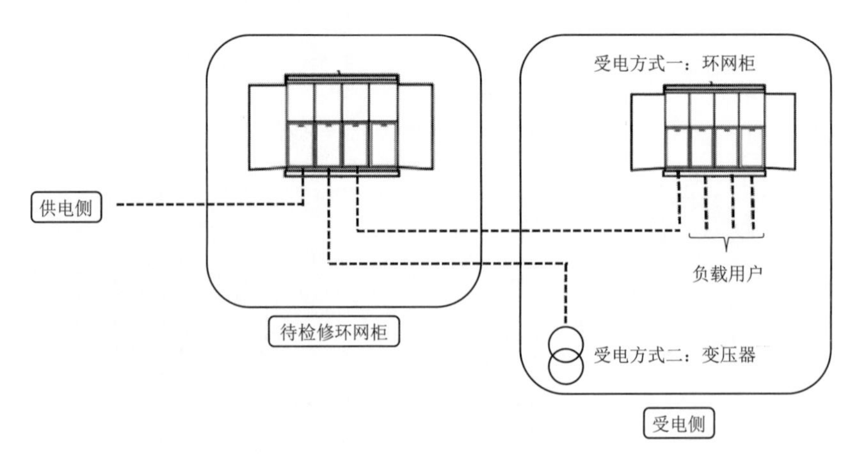

图5-46　涉及需短时停电检修环网柜常见情形

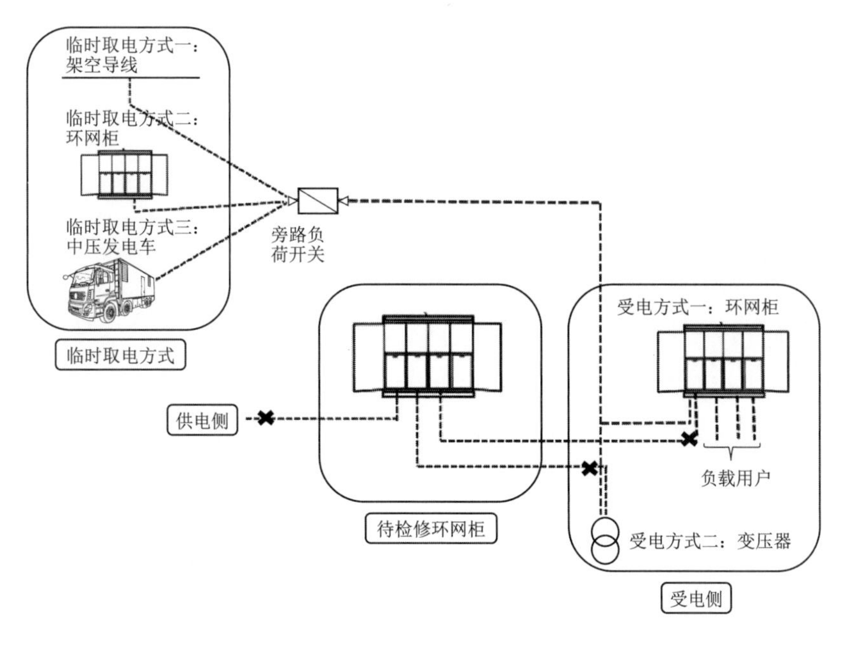

图5-47 短时停电检修环网柜几种情形接线图

【技能描述】

（1）负荷侧设备为无备用间隔环网柜和变压器，如图5-47所示，一般采用旁路作业，停用待检修环网柜上级电源，使用旁路系统临时给下级环网柜和变压器供电，将待检修环网柜退运，停电检修环网柜。

（2）由于负荷侧环网柜无备用间隔，或变压器高压侧母排没有位置直接接入旁路系统，需要短时停电将旁路系统接入。

【危险点】

（1）负荷电流未检测或检测后未考虑1.2倍的阈值，负荷电流过大导致旁路设备过热烧坏。

（2）旁路系统绝缘遥测后未充分放电，造成人员触电。

（3）未进行高压核相，旁路电缆相位连接错误。

（4）作业过程中人体与带电体之间安全距离不足或遮蔽不严，导致人员触电。

（5）旁路电缆固定不牢固，造成电缆脱落。

（6）倒闸操作时，操作人员精力不集中，造成误操作。

5.3　发电车应急供电

5.3.1　低压发电车给用户供电

5.3.1.1　低压发电车给低压用户供电

1. 连接旁路设备

图5-48　0.4kV发电车

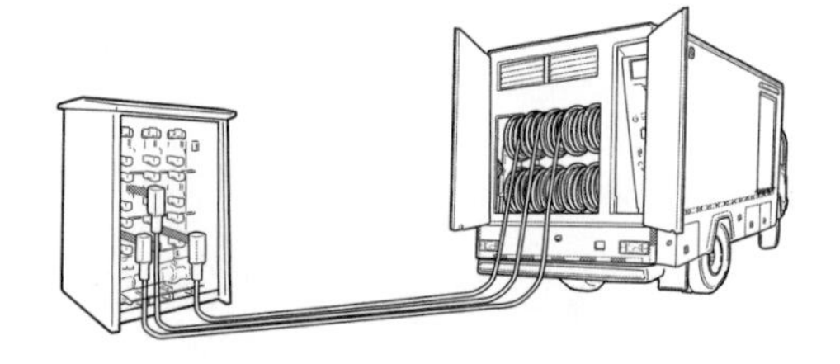

图5-49　0.4kV发电车向低压配电箱供电

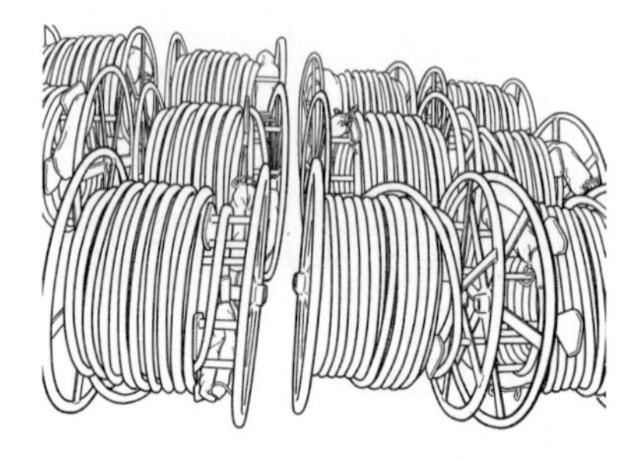

图5-50　低压旁路电缆

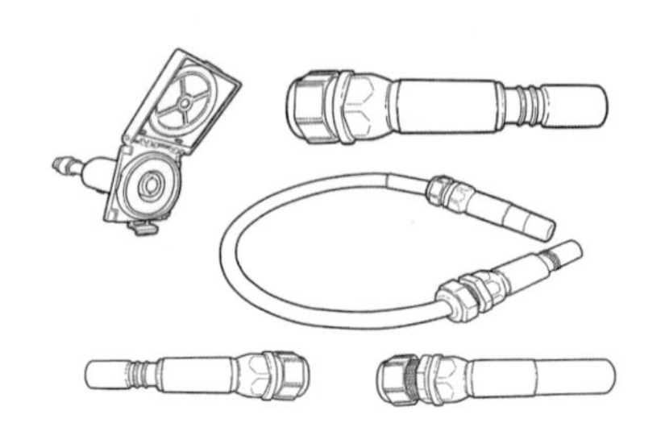

图5-51　低压旁路电缆快速插拔连接器

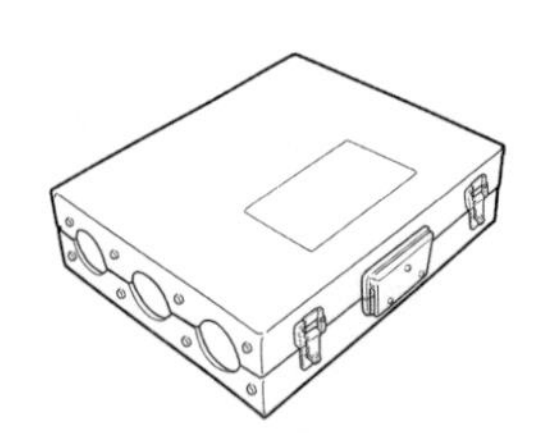

图5-52　低压旁路电缆接线保护盒

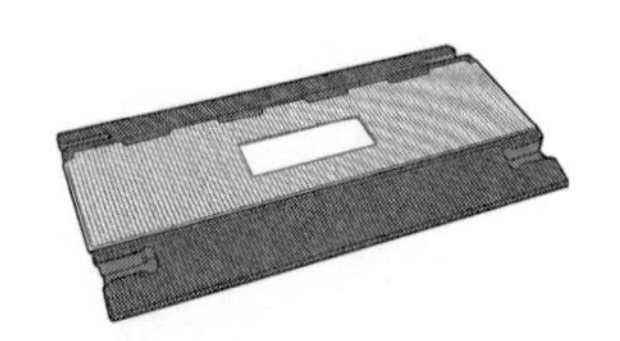

图5-53　低压旁路电缆防护盖板、防护垫布等

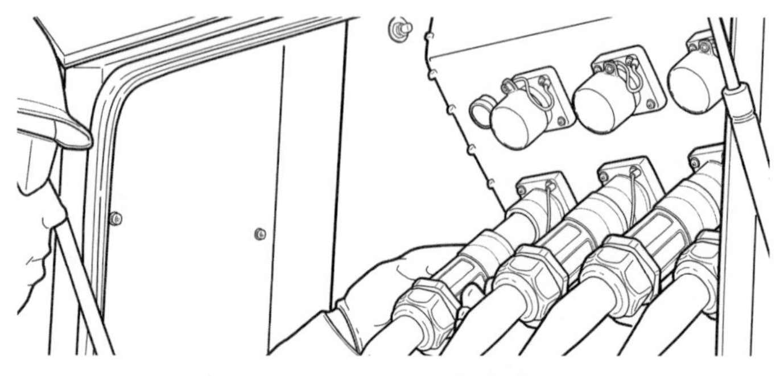

图5-54　安装低压旁路设备

【技能描述】

（1）敷设低压旁路作业设备防护垫布或防护盖板。

（2）在待供电低压侧设备与低压临时电源之间敷设低压旁路电缆，确认各部位连接无误。

（3）连接低压旁路作业设备前，应检查各低压连接器外观良好，绝缘表面无污物，必要时予以清洁。

（4）雨雪天气严禁组装低压旁路作业设备；组装完成的连接器允许在降雨（雪）条件下运行，但应确保低压旁路设备连接部位有可靠的防雨（雪）措施。

（5）按照相色标记，将低压柔性电缆接入发电机低压开关下桩头。

（6）设置低压柜绝缘遮蔽或隔离措施，并将低压低压旁路电缆接入至低压配电箱。

（7）低压旁路电缆运行期间，应派专人看守、巡视，防止行人碰触。

【危险点】

（1）连接低压旁路作业设备时未核对相色标记，导致用户电机反转。

（2）低压旁路电缆运行期间，未派专人看守、巡视，导致行人触电。

2. 操作低压发电车

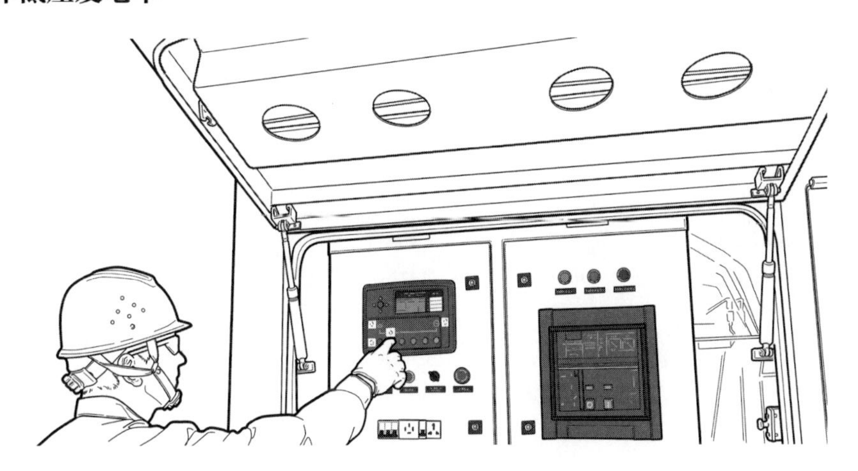

图5-55 操作低压发电车

【技能描述】

（1）启动低压发电车前，应先检查水位、油位、机油，确认供油、润滑、气路、水路的畅通，连接部无渗漏。再次确认低压开关处于分闸位置，并检查发电车接地良好。发电机启动后保持空载预热状态，直至水温达到规定值，电子屏显示各项参数在正常范围。

（2）使用相序表确认低压发电车出线开关两侧相序一致。

（3）断开配电变压器低压侧开关。

（4）在低压发电车出线桩头验电，确认变压器低压侧已退出运行后，合上低压发电车出线开关。查看电子显示屏或用钳形电流表检查负载是否正常。

（5）临时取电工作结束后，拉开低压发电车出线开关。

（6）在配电变压器低压开关的下桩头验电，确认低压发电车退运低压出线无电后，合上配电变压器低压开关。

【注意事项】

（1）作业前需检测确认待检修线路负荷电流小于旁路设备额定电流值。

（2）操作之前应核对开关编号及状态，严格按照倒闸操作票进行操作，并执行唱票制。

（3）低压临时电源接入前应确认两侧相序一致。

5.3.1.2　低压发电车给中压用户供电

1.　检查旁路设备

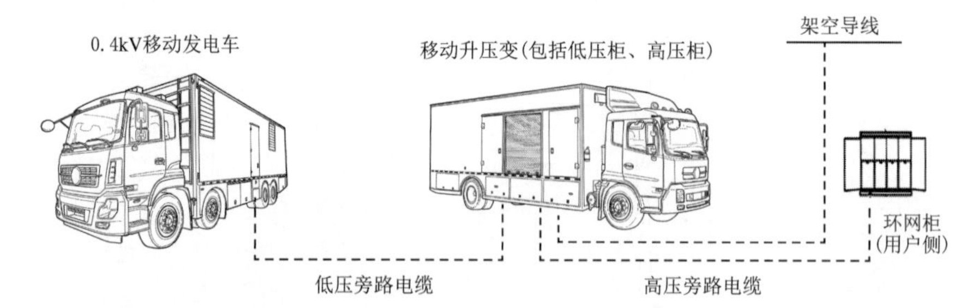

图5-56　0.4kV低压发电车接入移动升压变向中压用户供电

图5-57　0.4kV　500kV低压发电车

图5-58　0.4kV　1000kV低压发电车

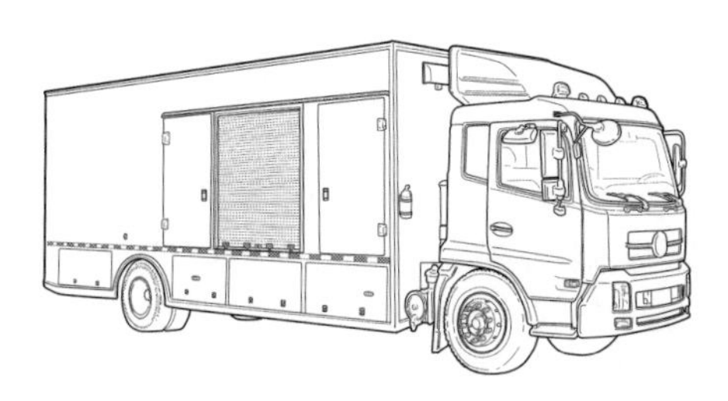

图5-59　800kV移动升压变（包含低压柜，高压柜）

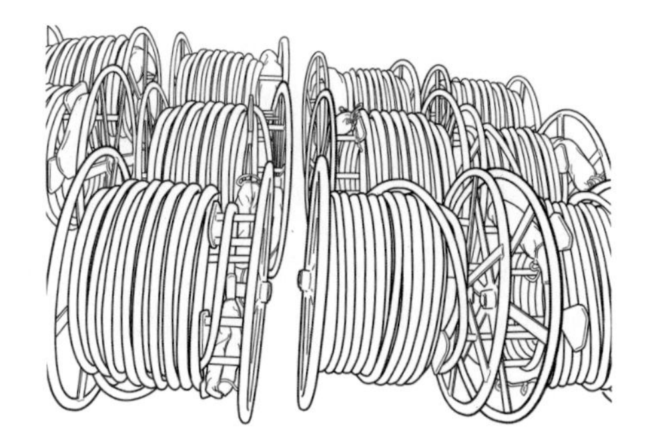

图5-60　低压旁路电缆

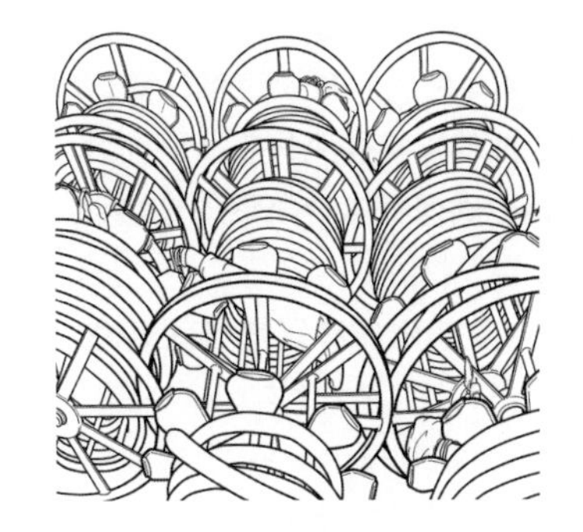

图5-61　高压旁路电缆

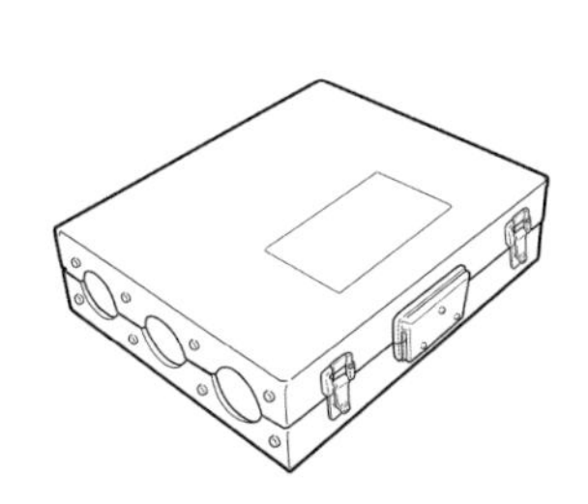

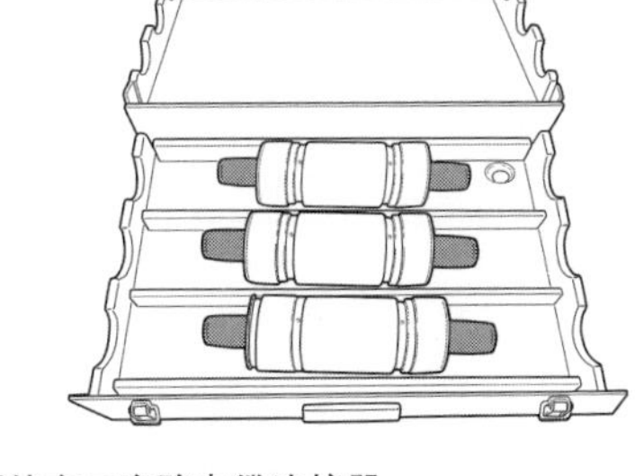

图5-62　快速插拔高压旁路电缆连接器

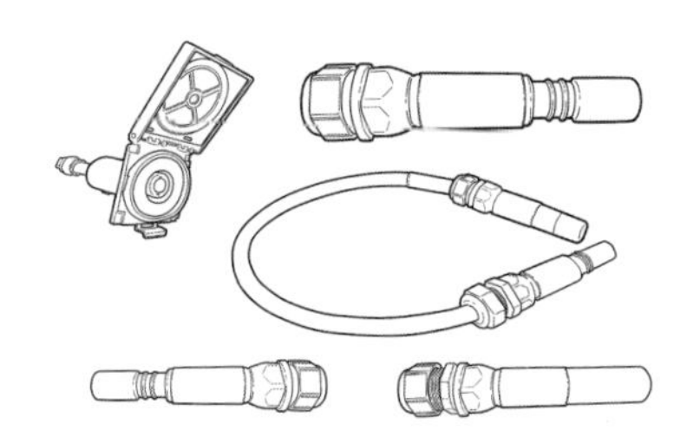

图5-63　低压旁路电缆连接器

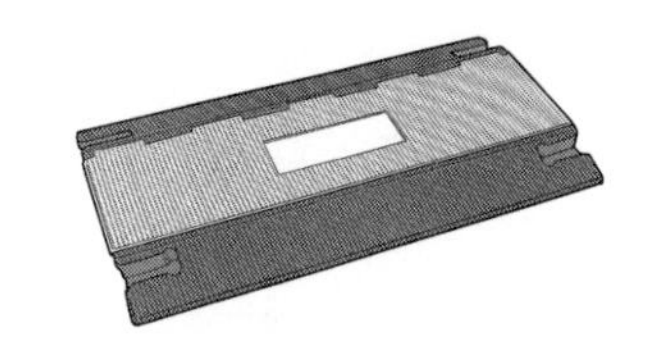

图5-64　旁路电缆防护盖板、防护垫布等

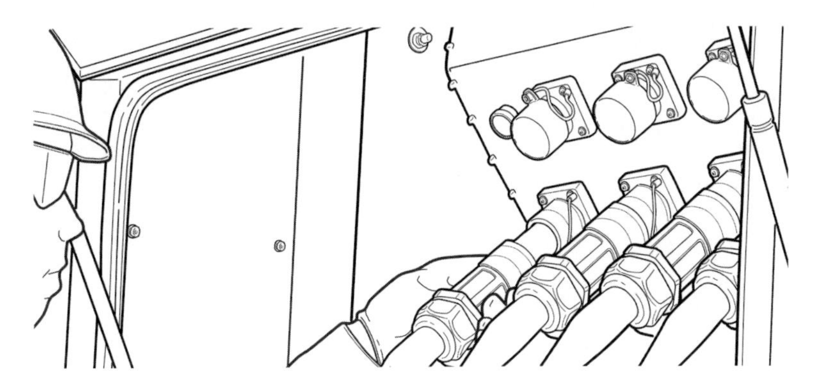

图5-65　安装0.4kV低压发电车出线与移动升压变低进线之间低压旁路设备

【技能描述】

（1）敷设低压旁路作业设备防护垫布或防护盖板。

（2）在0.4kV发电车与移动升压变低压柜之间敷设低压旁路电缆，确认各部位连接无误。

（3）连接低压旁路作业设备前，应检查各低压连接器外观良好，绝缘表面无污物，必要时予以清洁。

（4）雨雪天气严禁组装低压旁路作业设备；组装完成的连接器允许在降雨（雪）条件下运行，但应确保低压旁路设备连接部位有可靠的防雨（雪）措施。

（5）对整套低压旁路电缆设备进行外观检查确认良好。

（6）按照相色标记，将0.4kV发电车低压出线电缆接入移动升压变低压柜。

【危险点】

（1）连接低压旁路作业设备时未核对相色标记，导致相位错误。

（2）低压旁路电缆运行期间，未派专人看守、巡视，导致行人触电。

2. 高压旁路电缆敷设

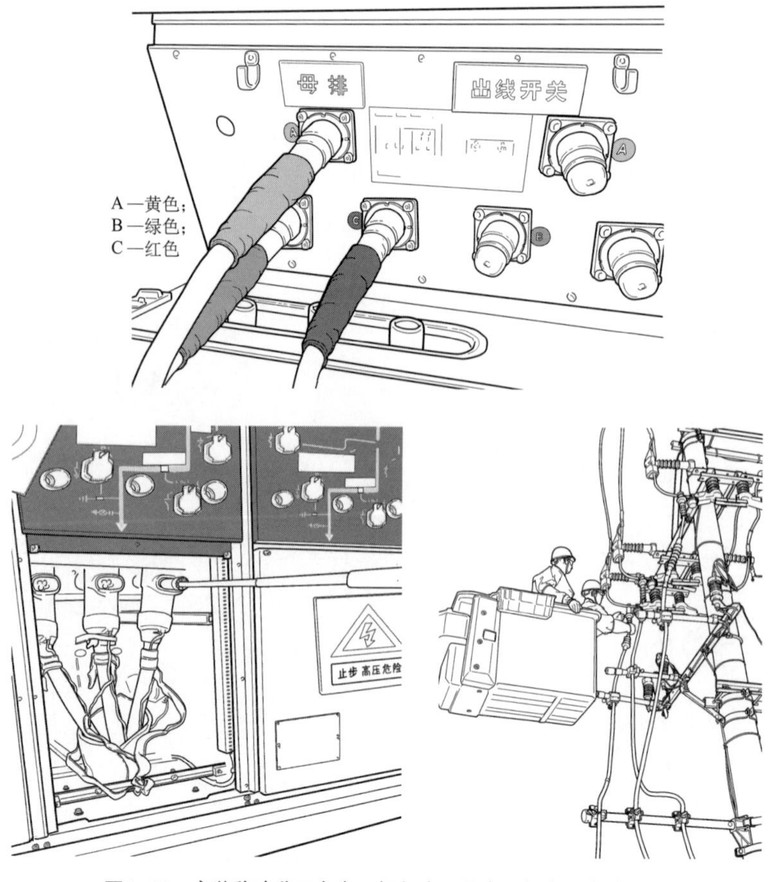

图5-66　安装移动升压变高压柜与中压用户之间高压旁路设备

【技能描述】

（1）按照作业现场设定的路径敷设高压旁路电缆绝缘防护设施。

（2）根据作业现场电缆的长度。安排人员沿敷设路径将旁路电缆展开置于敷设好的绝缘防护设施，敷设中严格防止旁路电缆与地面接触摩擦。

（3）敷设过程中，安排专责人员按照规定的程序，负责旁路电缆的接续工作，并应按旁路电缆事先标示的相位色正确连接。

（4）旁路电缆敷设、接续完成后，现场负责人指定专责人员使用绝缘检测仪，对敷设好的旁路电缆全线路绝缘遥测并逐相进行相位检测确认，确保三相旁路电缆相色连接无误。

（5）对旁路系统全线路充分放电。

【危险点】

（1）旁路电缆敷设时损伤电缆，导致绝缘不良。

（2）旁路电缆经过路口未采取架空敷设等防护措施，危及地面人员安全。

（3）旁路电缆连接头及中间接头未严格按照施工规范进行清洁、安装、导致接触不良。

（4）旁路电缆相位连接错误，导致相间短路。

（5）旁路系统绝缘遥测后未充分放电，造成电击。

3.　移动升压变供电

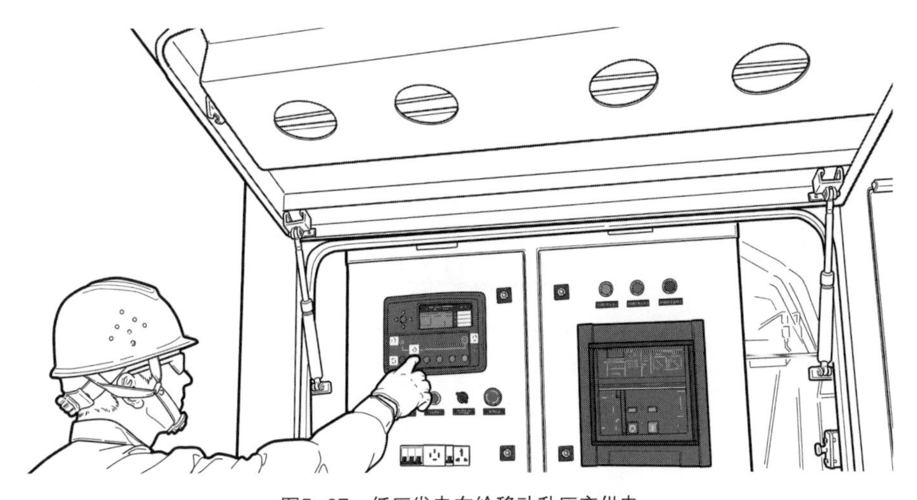

图5-67　低压发电车给移动升压变供电

【技能描述】

（1）启动低压发电车前，应先检查水位、油位、机油，确认供油、润滑、气路、水路的畅通，连接部无渗漏；检查发电车接地是否良好。发电机启动后保持空载预热状态，直至水温达到规定值，电子屏显示各项参数在正常范围。

（2）确认低压发电车低压出线与移动升压变低压进线，两侧相序一致。

【危险点】

（1）倒闸操作过程中，未严格按照规定顺序操作开关，造成短路或设备事故。

（2）低压发电车低压出线与移动升压变低压进线之间的低压旁路电缆，连接前两侧相序不一致，导致用户设备相位错误。

（3）拆除低压旁路设备前，低压发电车低压出线开关与移动升压变低压进线开关均处于合闸位置，导致人员触电。

（3）低压旁路电缆连接应牢固、可靠。

（4）倒闸操作前，应确认低压发电车出线开关与移动升压变低压进线开关均处于分闸位置，严格按照倒闸操作票进行操作，并执行唱票制。

（5）倒闸操作时，应先合低压发电车低压出线开关，后合移动升压变低压进线开关。

（6）退出运行时，应先拉开移动升压变低压进线低压开关，后拉开低压发电车出线低压开关。

（7）拆除低压旁路设备前，应确认低压发电车低压出线开关与移动升压变低压进线开关均处于分闸位置。

4. 架空导线供电

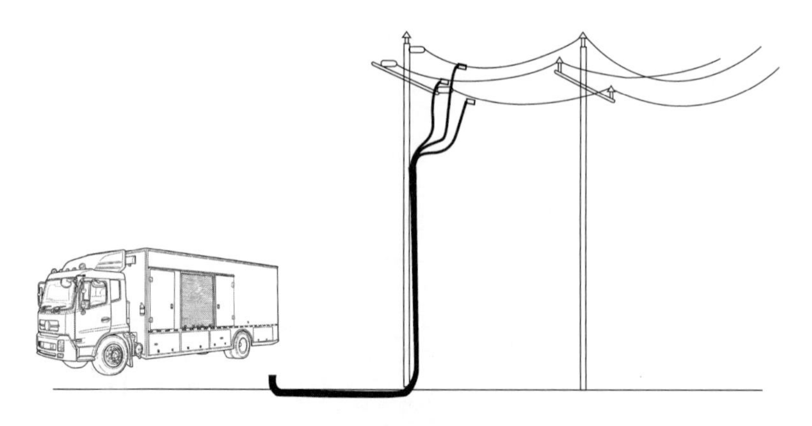

图5-68　移动升压变给架空导线供电

【技能描述】

（1）按照从用户高压设备事先核准的相位，确认敷设好的旁路系统相位正确。

（2）旁路电缆与架空线连接应牢固、可靠。

（3）倒闸操作前，应确认移动升压变出线开关处于分闸位置。

（4）拆除高压旁路设备前，旁路电缆应逐相充分放电。

【危险点】

（1）旁路电缆系统相位连接错误，导致用户设备相位错误。

（2）旁路电缆固定不牢固，造成电缆脱落。

（3）拆除高压旁路设备前，移动升压变出线开关处于合闸位置，导致人员触电。

（4）拆除高压旁路设备时未佩戴绝缘手套，旁路电缆未逐相充分放电造成电击。

5. 环网柜供电

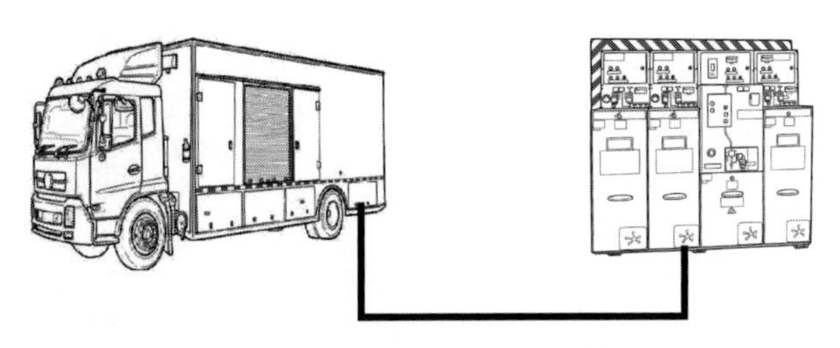

图5-69 移动升压变给环网柜供电

【技能描述】

（1）根据用户设备相位，确认敷设好的旁路系统相位正确。

（2）确认环网柜具有备用间隔，并对其进行验电。

（3）旁路电缆与环网柜连接应牢固、可靠。

（4）倒闸操作前，应确认移动升压变高压出线开关、环网柜备用间隔开关均处于分闸位置；环网柜备用间隔接地刀闸在合闸位置。

（5）投入运行倒闸操作时，应先拉开环网柜备用间隔接地刀闸，再合上移动升压变出线开关，最后合上环网柜备用间隔开关，移动升压变为用户供电。

（6）退出运行倒闸操作时，应先拉开环网柜备用间隔开关，合上环网柜备用间隔接地刀闸，最后拉开移动升压变出线开关，移动升压变为用户供电结束。

（7）拆除高压旁路设备前，旁路电缆应逐相充分放电。

【危险点】

（1）旁路电缆系统相位连接错误，导致用户设备相位错误。

（2）对环网柜备用间隔验电时未佩戴绝缘手套。

（3）旁路电缆固定不牢固，造成电缆脱落。

（4）合环网柜备用间隔开关时，环网柜备用间隔接地刀闸处于合闸位置，导致设备短路。

（5）拆除高压旁路设备前，移动升压变出线开关处于合闸位置，造成电击。

（6）拆除高压旁路设备时未佩戴绝缘手套，旁路电缆未逐相充分放电，造成电击。

5.3.2 中压发电车给用户供电

1. 发电车输出旁路电缆敷设

图5-70 10kV中压发电车

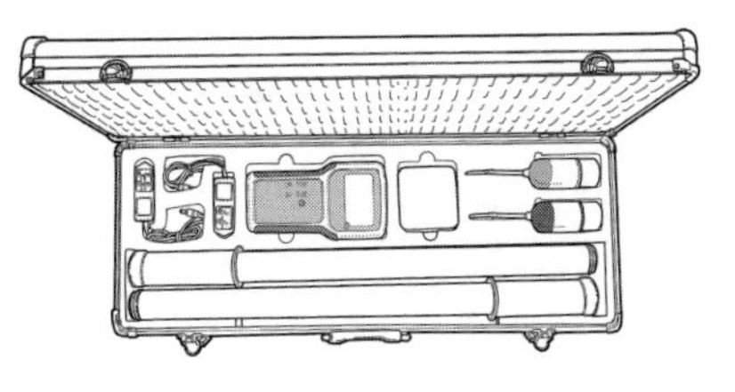

图5-71 10kV高压核相仪

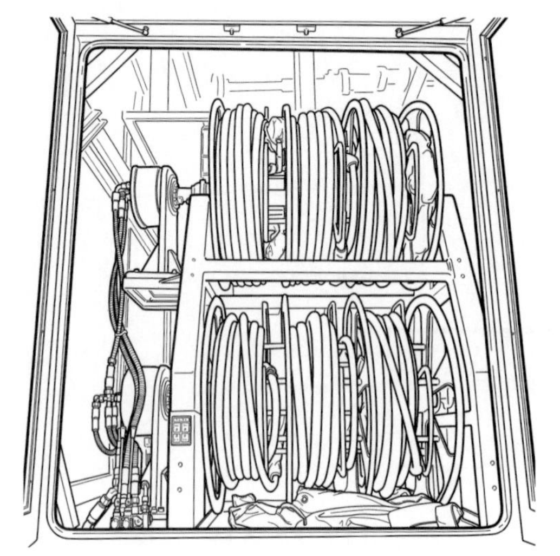

图5-72　10kV旁路柔性电缆

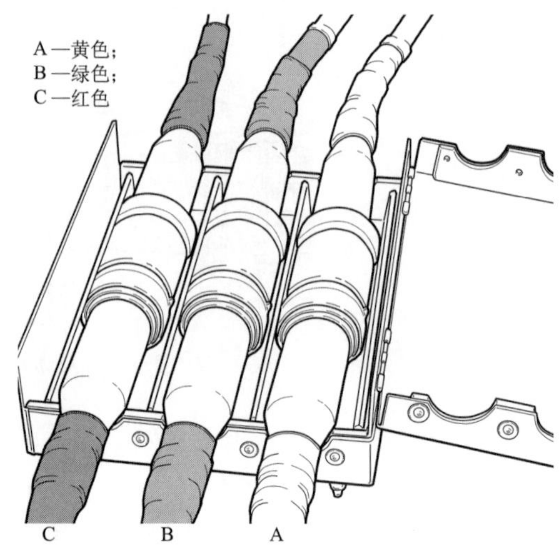

图5-73　10kV柔性电缆中间接头

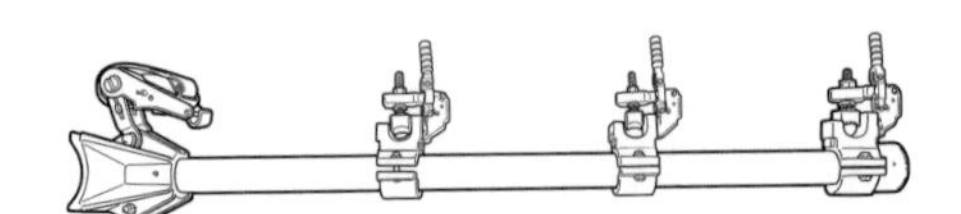

图5-74　10kV绝缘支撑杆

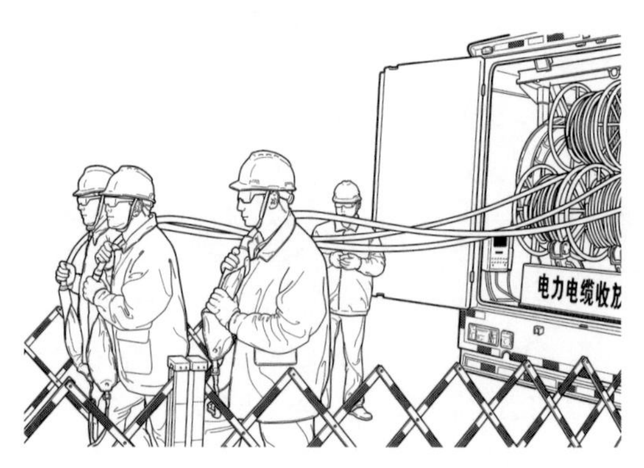

图5-75　10kV旁路电缆敷设

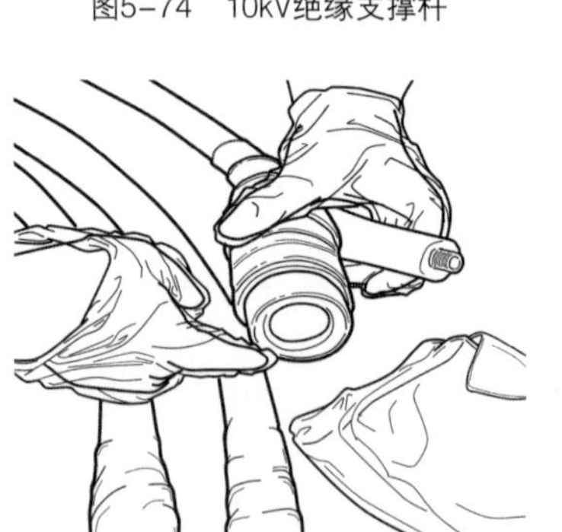

图5-76　清洁旁路电缆连接接头

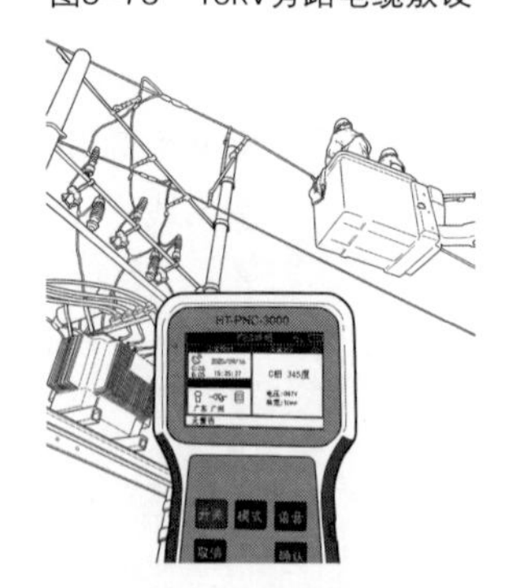

图5-77　高压核相（供电至架空导线）

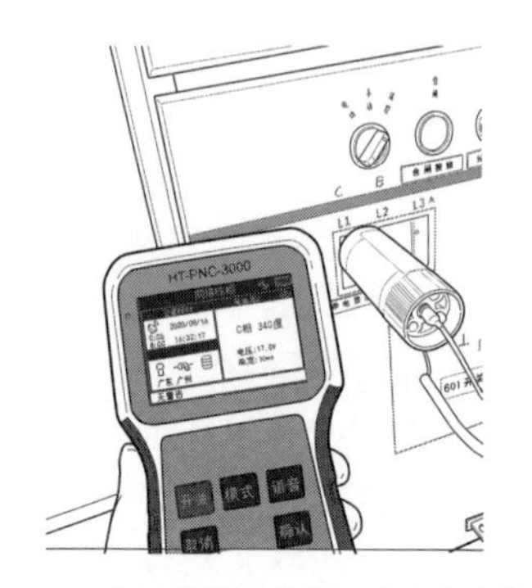

图5-78　高压核相（供电至高压备用柜）

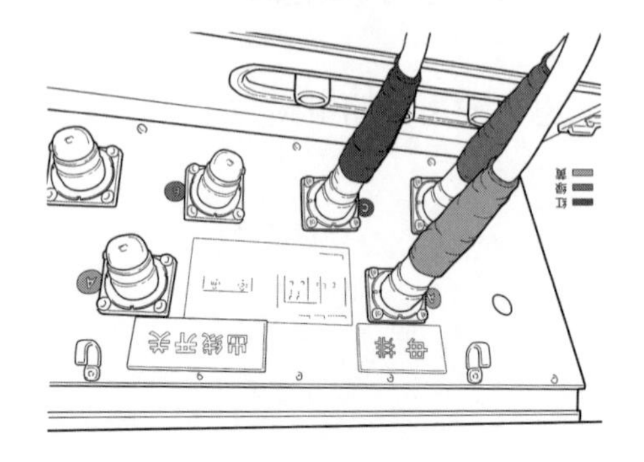

图5-79　10kV柔性电缆接入发电车

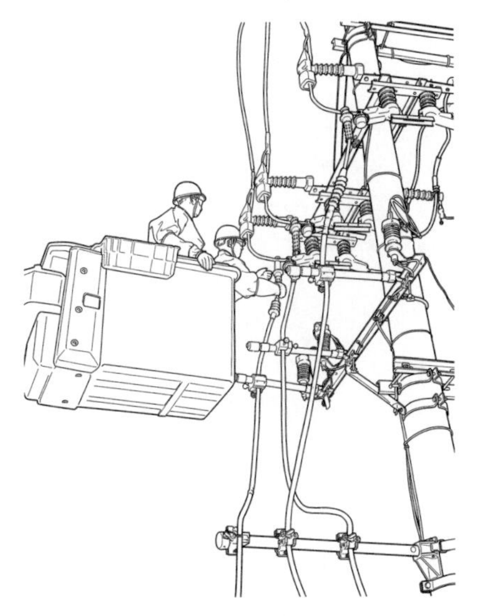
图5-80　10kV发电车输出旁路电缆接入用户架空线

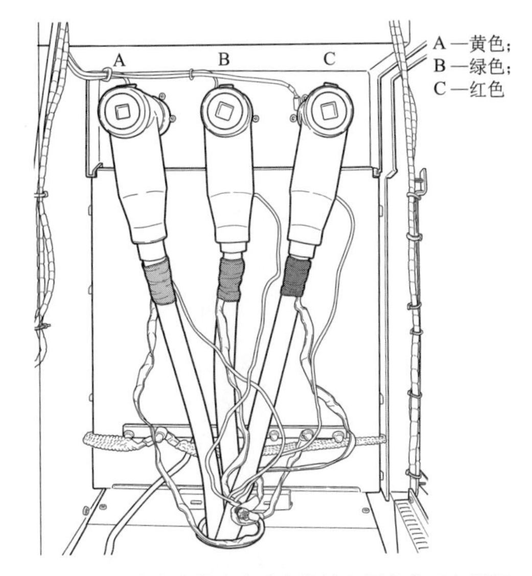

图5-81　10kV发电车输出旁路电缆接入用户高压备用柜

【技能描述】

（1）按照作业现场设定的路径敷设高压旁路电缆绝缘防护设施。

（2）根据发电车输出旁路电缆的长度。安排人员沿敷设路径将柔性电缆展开置于敷设好的绝缘防护设施，敷设中严格防止柔性电缆与地面接触摩擦。

（3）敷设过程中，安排专责人员按照规定的程序，负责柔性电缆的接续工作（应按旁路电缆事先标示的相位色正确接续）。

（4）旁路电缆敷设、接续完成后，现场负责人指定专责人员使用绝缘检测仪，对敷设好的旁路电缆全线路绝缘遥测并逐相进行相位检测确认，确保三相旁路电缆相色连接无误。

（5）对旁路系统全线路充分放电。

【危险点】

（1）发电车输出旁路电缆敷设时破损，旁路电缆试验不合格。

（2）发电车输出旁路电缆经过路口未采取防护措施，危及现场人员安全。

（3）发电车输出旁路电缆连接头及中间接头未严格按照施工规范进行清洁、安装、导致接触不良或设备接地。

（4）发电车输出旁路电缆相位连接错误，导致相间短路。

（5）旁路系统绝缘遥测后未全线路充分放电，导致电击。

2. 供电至用户架空线

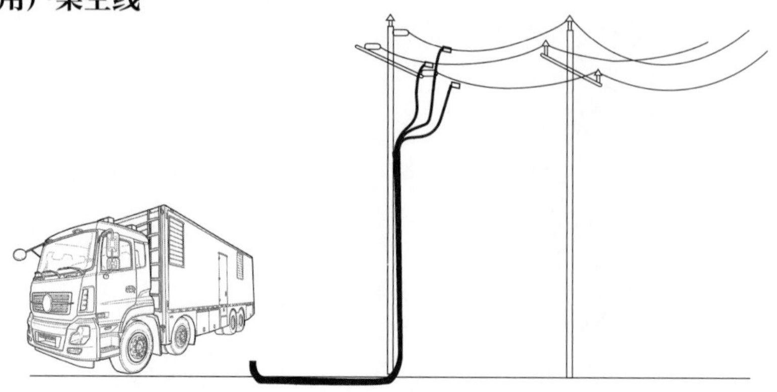

图5-82　中压发电车供电至用户架空线

【技能描述】

（1）中压发电车输出旁路电缆接入，受电位置为用户架空线。

（2）确认中压发电车出线柜开关在分闸位置，接地刀闸在分闸位置。

（3）高压旁路电缆敷设、接续完成后，现场负责人指定专责人员使用绝缘检测仪，对敷设好的旁路电缆全线路绝缘遥测并逐相进行相位检测确认，确保三相旁路电缆相色连接无误。

（4）对旁路系统全线路充分放电。

（5）先将高压旁路电缆按对应相位接入到中压发电车出线柜。

（6）再将高压旁路电缆固定在电杆的绝缘支撑架上。

（7）按照从用户高压设备事先核准的相位，将高压旁路转接电缆对应接入到三相架空导线上。

【危险点】

（1）高压旁路系统充电后未充分放电，造成电击。

（2）高压旁路系统相位连接错误，导致相间短路。

（3）旁路电缆固定不牢固，运行中电缆脱落。

（4）高压旁路系统带电接入架空线时，发电车接地刀闸未分开，造成相对地短路。

3. 供电至高压备用柜

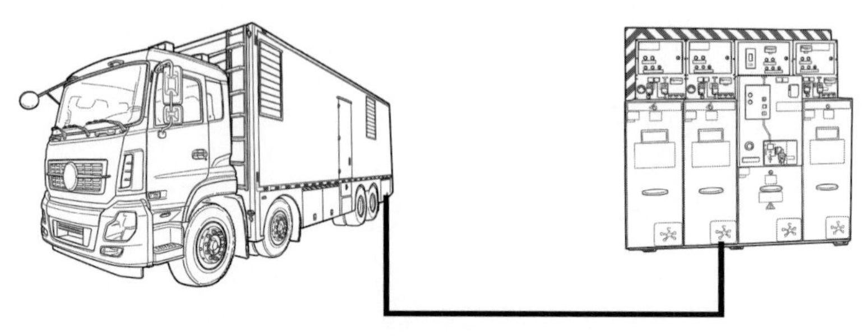

图5-83　中压发电车供电至高压备用柜

【技能描述】

（1）中压发电车输出旁路电缆接入，受电位置为高压备用柜。

（2）确认中压发电车出线柜开关在分闸位置，接地刀闸在分闸位置。

（3）旁路电缆敷设、接续完成后，现场负责人指定专责人员使用绝缘检测仪，对敷设好的旁路电缆全线路绝缘遥测并逐相进行相位检测确认，确保三相旁路电缆相色连接无误。

（4）对旁路系统全线路充分放电。

（5）先将高压旁路电缆按对应相位接入到中压发电车出线柜。

（6）确认高压备用柜开关在开关位置，接地刀闸在合闸位置。

（7）按照从用户高压设备事先核准的相位，将高压旁路转接电缆对应接入到用户高压备用柜。

【危险点】

（1）操作人员精力不集中，导致误操作事故。

（2）高压旁路系统进行绝缘遥测后未充分放电，造成电击。

（3）高压旁路系统相位连接错误，导致相间短路。

（4）旁路电缆固定不牢固，运行中电缆脱落。

4. 投入运行

图5-84 中压发电车投入运行

【技能描述】

（1）启动中压发电车，对中压用户送电。

（2）检查中压发电车系统运行正常。

（3）发电过程定时观察发电车状态及油箱油量，当油量少于1/4时，应不停机加油。加油人员按规定操作步骤进行加油。

（4）中压发电车应急供电结束，操作人员停用中压发电车。

（5）中压用户恢复市电供电。

（6）依次断开中压用户高压备用柜开关、中压发电车出线柜开关，合上中压用户高压备用柜接地刀闸，对旁路系统进行充分放电。

（7）回收高压旁路电缆。

【危险点】

（1）加油人员操作不当，造成漏油，遇明火发生火灾。

（2）操作人员精力不集中，导致误操作事故。

（3）回收高压旁路电缆前未进行充分放电，造成人员触电。